口絵1 複雑な地層構成の例（固い溶岩の下に軟らかい火山灰層が存在している．チリ，ビジャリカ火山）

口絵2 フィルダムの締固め施工状況（東京電力（株）提供）

口絵3 地盤沈下のために杭基礎が抜け上がった校舎（佐賀県杵島郡白石町）

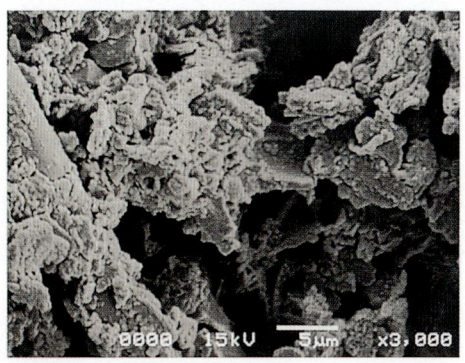

口絵4 有明海一帯に堆積している軟弱な粘土の顕微鏡写真（佐賀大学鬼塚克忠教授提供）

口絵5 1995年阪神・淡路大震災で液状化に起因して被災した岸壁（神戸市のポートアイランド）

口絵6 阪神・淡路大震災で液状化したまさ土（神戸市のポートアイランドから採取したもの）

口絵7　1964年新潟地震で液状化に起因して沈下・転倒したアパート（東京工業大学名誉教授渡辺隆博士提供）

口絵8　新潟地震で液状化した砂（新潟市）

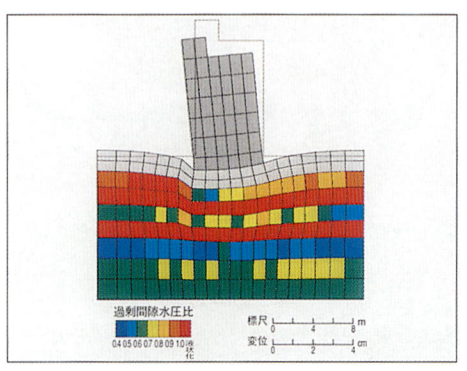

口絵9　口絵7の被害に対する地震応答解析による検証例（佐藤工業（株）吉田望博士提供）

口絵10　高速道路の橋脚基礎の施工状況（日本道路公団帯広工事事務所提供）

口絵11　豪雨により崩壊した斜面（長崎市出雲町，長崎大学棚橋由彦教授提供）

口絵12　1984年長野県西部地震で大崩壊を起こした御岳山の斜面（長野県木曽郡大滝村）

■大学土木■

土質力学

改訂2版

安田 進・山田 恭央・片田 敏行 共著

Ohmsha

本書を発行するにあたって，内容に誤りのないようできる限りの注意を払いましたが，本書の内容を適用した結果生じたこと，また，適用できなかった結果について，著者，出版社とも一切の責任を負いませんのでご了承ください．

本書は，「著作権法」によって，著作権等の権利が保護されている著作物です．本書の複製権・翻訳権・上映権・譲渡権・公衆送信権（送信可能化権を含む）は著作権者が保有しています．本書の全部または一部につき，無断で転載，複写複製，電子的装置への入力等をされると，著作権等の権利侵害となる場合があります．また，代行業者等の第三者によるスキャンやデジタル化は，たとえ個人や家庭内での利用であっても著作権法上認められておりませんので，ご注意ください．

本書の無断複写は，著作権法上の制限事項を除き，禁じられています．本書の複写複製を希望される場合は，そのつど事前に下記へ連絡して許諾を得てください．

出版者著作権管理機構
（電話 03-5244-5088, FAX 03-5244-5089, e-mail: info@jcopy.or.jp）

JCOPY ＜出版者著作権管理機構 委託出版物＞

改訂にあたって

　この本を出版して17年が経った．これまで，土質力学を学ぶ上での教科書や参考書として多くの方に利用していただいてきたことを感謝する次第である．
　出版以来字句の修正をいくつか行ってきたが，時代の流れにともなって今回内容を見直し，改訂を行うことにした．改訂にあたって考慮したのは以下の点である．
　1. 説明が分かりにくい箇所を修正するとともに，一部の図面も分かり易く描き直した．
　2. 説明の流れを重視し，他の章で取り上げたほうがよいと思われる節は移動した．
　3. 設計基準類の改定にともない計算式などが改められたものは，最新のものに修正した．
　4. 細かすぎる説明を省くとともに，大切な考えや用語で抜けていたものを付け加えた．

　さて，この17年の間に土質力学を取り巻く環境もいくつか変化してきた．まず，計算機の発達がある．17年前はまだパソコンの性能も低く，構造物の設計実務においては電卓で計算するのが主流であった．これに対し，現在ではパソコンをフルに活用し，複雑な解析も短時間で行えるようになった．ただし，その解析に必要な力学特性は，以前から大きく変化したわけではない．また，最近では，施工の途中で変化する地盤データを取得し，これに基づいて設計修正・施工を行う情報化施工が広く取り入れられるようになってきたが，その際に利用するデータは間隙水圧，土圧，変位など従来から土質力学で扱ってきた値である．したがって，土質力学の基本体系自体は最近特に変わったわけではない．
　このようなことから，本書の改訂にあたっても初版と同一の内容，構成を基本とし，上記の修正のみにとどめた．本書がこれからも教科書や参考書として利用され，安心・安全な社会をつくるために役立つことを願っている．

2014年8月　　　　　　　　　　　　　　　　　　　　　　　　著者らしるす

はしがき

　本書は大学で土質力学を学ぼうとする方々の入門書である．
　学生にとって，土質力学の講義は他の教科に比べてむずかしいとよくいわれる．筆者達が学生のときを振り返ってみてもそう感じていたし，また，教える立場になってからも教えるのに苦労している．その理由としては，土が多種多様であって土ごとに性質が異なることや，同じ土でも密度や水の含み方によって力学的性質が大きく異なることなどが挙げられよう．ただし，力学的性質が複雑であるからこそ土質力学は奥が深く，面白いともいえよう．実際，最初は泥いじりの学問かと思っていた土質力学も，学んでいくうちに力学的に大変興味深い学問であることに気づき，のめり込んでいく人が多い．筆者達もそのたぐいである．
　さて，このように土質力学は大変奥が深く，1年程度の講義ではとてもそこまでは行き着かない．ただし，基本事項は1年程度である程度理解できるものである．そこで，本書は1年程度の講義で扱える基本的な内容だけを取り出し，扱うこととした．このように簡潔にしようとすると，途中の考え方や式の誘導を省略したくなるものであるが，省略はなるべく避け，本書だけで理解できるように書いたつもりである．また，なるべく平易に表現するように心がけた．重要なポイントを整理するために，各章末にまとめを設け，演習問題もいくつか加えた．なお，第1～3章は安田，第4，5章および第8章の一部は山田，第6～8章は片田が担当した．
　筆者達はそれぞれの大学で土質力学の講義を担当しているとはいえ，若輩，浅学である．したがって，多くの先輩諸先生方が書かれた著書を参考にさせていただいた．口絵写真に関しては，貴重な写真を4名の方々から提供していただき，本書の出版にあたってはオーム社出版部の皆さんに大変お世話になった．ここに深く感謝する次第である．

1997年9月

著者らしるす

目　　次

第 1 章　土 の 特 性

1. 土の生成過程と種類 …………………………………………………… 2
2. 構造物の建設にあたって必要な情報と土の力学的な性質 ……… 6
3. 土の基本的物理量 …………………………………………………… 9
4. 土の工学的分類 ……………………………………………………… 14
5. 土の締固め特性 ……………………………………………………… 19
6. 地盤調査 ……………………………………………………………… 24
   ま と め ……………………………………………………………… 26
   演習問題 ……………………………………………………………… 27

第 2 章　土 の 中 の 水

1. 飽和土と不飽和土 …………………………………………………… 30
2. 透　　水 ……………………………………………………………… 30
   ま と め ……………………………………………………………… 39
   演習問題 ……………………………………………………………… 39

第 3 章　地盤内の応力分布

1. 地盤を弾性体と仮定した場合の応力分布の求め方 …………… 42
2. 有限要素法による応力・変形解析の概要 ……………………… 47
3. 地盤内の任意の方向における応力 ……………………………… 48
4. 間隙水圧と有効応力 ……………………………………………… 52
   ま と め ……………………………………………………………… 55
   演習問題 ……………………………………………………………… 55

第4章 土の圧密

1. 粘土の圧縮特性 …………………………………… 58
2. 圧密理論 …………………………………………… 66
3. 圧密試験 …………………………………………… 73
   まとめ ……………………………………………… 77
   演習問題 …………………………………………… 78

第5章 土の強さ

1. 土のせん断 ………………………………………… 80
2. 排水条件下でのせん断強さ ……………………… 89
3. 非排水条件下でのせん断強さ …………………… 97
4. 飽和砂の液状化 ………………………………… 105
   まとめ …………………………………………… 111
   演習問題 ………………………………………… 113

第6章 土圧理論

1. 土圧の種類と定義 ……………………………… 116
2. ランキンの土圧理論 …………………………… 118
3. クーロンの土圧理論 …………………………… 124
4. 土圧に対する構造物の安定の検討 …………… 128
   まとめ …………………………………………… 131
   演習問題 ………………………………………… 132

第7章 地盤の支持力

1. 構造物基礎の種類 ……………………………… 136
2. 浅い基礎の支持力 ……………………………… 137
3. 杭基礎の支持力 ………………………………… 142
   まとめ …………………………………………… 148
   演習問題 ………………………………………… 148

第8章	斜面の安定

 1 斜面崩壊の形態 ……………………………………152
 2 直線状のすべりに対する安定計算 ………………153
 3 円弧すべりに対する安定計算 ……………………154
  まとめ ………………………………………………163
  演習問題 ……………………………………………164

演習問題解答 ……………………………………………………165

参考文献 …………………………………………………………169

索引 ………………………………………………………………171

土の特性

第 1 章

採取した土の試料〈基礎地盤コンサルタンツ(株)提供〉

　土は骨格をなす土粒子とその間隙から構成される．地下水位以下では間隙は水で飽和されているが，その上には空気も存在する．このように，土粒子と水，空気の3相から成り立っていることが，土の力学特性を複雑なものとしている．例えば，土を締め固めて間隙を少なくすると密な地盤となり強度は大きくなる．さらに，土粒子の大きさも $5\mu m$ 以下の粘土から $2mm$ 以上の礫までさまざまなものがあり，粒径によって力学特性が大いに異なる．このように，土は自然に存在する材料であり，他の建設材料と特性が大きく異なるため，この章では，まず，土質力学が扱う分野や問題点を示し，土の基本的物理量の定義を述べる．そして，多種多様な土を分類する方法も述べる．

第1章 土の特性

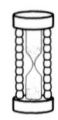

1 土の生成過程と種類

1 土の種類の多用性

　橋やダムなどの構造物を建設する際，それらを地盤でしっかりと支える必要がある．ただし，地盤と一口にいっても，しっかりと構造物を支え得る硬い岩盤から，構造物が沈下する軟弱な粘土地盤まで，種々多様なものがある．これらのうち，固結した岩盤は本書では扱わず，未固結または半固結の地盤を構成する土の力学特性を扱う．

　ただし，土の中でもさらに生成過程や粒径などからみて多くの種類があり，それらによって力学特性，および構造物の建設にあたっての問題点が大きく異なる．そこで，まず，土の種類やその堆積状況からみてみる．

2 土の生成過程からみた種類

　土は一般に岩石が風化したり，細かく砕かれて生成されたものが多い．ただし，それ以外にも植物が腐植してできたものもある．また，その場で堆積したものやその後川で運ばれて海に注ぐ過程で堆積するものなどがある．これらの生成過程で土を分類すると**表1・1**となる．

　まず，岩石が凍結・融解や酸化などによって風化した風化土がある．わが国で

表 1・1　成因からみた土の種類

分　類	営　力	種　類
風化土	破砕，分解腐朽	残積土
堆積土	重力	崩積土
	流水	河成土，海成土，湖成土
	風力	風積土
	火山	火山性堆積土
	氷河	氷積土
	植物の腐朽	有機質土

注）このほかに人工の盛土，埋立土もある．

は，山地の斜面の表層に数十cmや数mの厚さでこのような風化土が存在し，豪雨や地震によって斜面崩壊を起こすことが多い．代表的なものとしては，花こう岩が風化したまさ土がある．

　岩石の破砕物などが堆積した堆積土は，その営力により表1·1のように6種類に分けられる．まず，山地などの斜面で岩石が崩壊し，そのままその場所に堆積した崩積土がある．これは一般に崩れやすく，トンネルの掘削時などに崩壊を起こしやすい．次に，崩壊した土が川の水で運ばれ，海に注ぐ途中に堆積した河成土がある．川で土が流されていく過程で，最初に粒径の大きい礫が堆積し，次第に粒径の小さい砂，シルト，粘土が残って堆積していく．これを分級作用と呼んでいる．図1·1に示すように，山地から平野に出た扇状地帯では，まず礫が堆積する．平野の中央部の自然堤防地帯では，川沿いに砂が堆積するが，川がはんらんして水がたまったところでは粘土も堆積する．河口近くの三角州地帯になると細かい砂やシルトが堆積し，海に入ると粘土が堆積する．ただし，川が急流で崩壊土量も多い場合には河口まで礫が堆積している場合もある．わが国の平野ではこのように河川で運ばれた砂やシルト，粘土が広く分布し，また，表層にはゆるい砂や軟らかい粘土が堆積しているため，構造物の建設にあたって問題が生じることが多い．したがって，土質力学も主にこのような土を対象にしている．

　水の力で運ばれて堆積する土としては，ほかに，河川で運搬された土砂や波浪

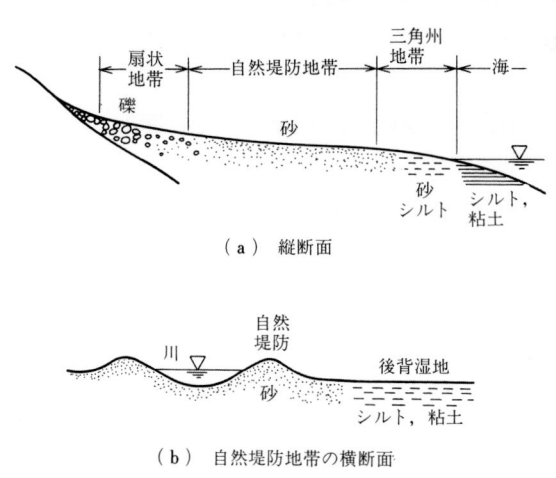

(a) 縦断面

(b) 自然堤防地帯の横断面

図 1·1　河成土

により削りとられた岩屑が陸地近くの海岸に堆積した海成土，川が湖に注ぎ込んで堆積した湖成土がある．

その他の堆積土としては，風の力で堆積した風積土，火山の爆発などにより噴き出したものが堆積した火山性堆積土，氷河が谷を下る際に削りとられた岩屑が堆積した氷積土，木や草が沼などで枯れて腐朽してできた有機質土（植積土）がある．火山性堆積土としては関東ロームやしらすなど，国内各地で特殊な土が分布しており，河成土とかなり性質が異なっている．また，有機質土としては北海道や東北地方などで泥炭と呼ばれる圧縮性の高い土が分布している．このような特殊な土では一般の土と力学特性が異なるので，特別な注意が必要である．

以上は自然に生成された土であったが，このほかに近年では海岸や湖沼への埋立土，谷間などへの盛土，鉱さい堆積場，といった人工の地盤も急増している．これらは十分に締め固めるか，固結させるなどの改良を行っておくと，構造物を支え得る安定した地盤となり得る．ところが，ゆるく盛ったままであると弱く，構造物の建設時の沈下や，地震時の液状化などの種々の問題を生じやすい．なお，最近では，ごみなどの廃棄物を埋め立てた地盤を土地として利用することも行われるようになってきた．この場合は過大な地盤の沈下やガスの発生など，一般の埋立地と異なった問題を抱えている．

3 土の粒径からみた種類

土は土粒子の大きさによって力学特性が大きく異なる．例えば，一般に粒径が大きいほど構造物を支える力が大きい．したがって，まず土粒子の大きさを考慮に入れておかなければならない．土粒子の大きさは図 1・2 に示すように，礫，砂，シルト，粘土と分類して呼んでいる．これにみられるように，粘土に対し，シルトは数十倍，砂は数百倍，礫は数千倍の大きさである．

実際の地盤では，砂や粘土が均一に堆積している場合と，混在している場合と

細粒分		粗粒分						石分	
粘土	シルト	砂			礫			石	
		細砂	中砂	粗砂	細礫	中礫	粗礫	粗石	巨石
粒径〔mm〕 0.005	0.075	0.25	0.85	2	4.75	19	75	300	
(5μm)	(75μm)								

図 1・2 粒径区分とその呼び名

がある．表1・1のうち，河成土や海成土，風積土では分級作用により比較的粒径が均一にそろっているが，崩積土や人工的な盛土では種々の粒径のものが混在している．

4 深さ方向の地層構成

平野部では一般に地表面から下に，ゆるい砂層や軟らかい粘土層が数～数十mほど堆積し，その下に硬い礫層や岩盤が存在することが多い．これは，2万年ほど前からの海面変動と，土砂の堆積作用とのバランスによってもたらされている．例えば，図1・3に示すような山地から海に向かう断面をとってみる．同図(a)に示すように，約2万年前は現在より約6～7℃も気温が低いヴュルム氷期であり，海面は現在より100～140m程度低い位置にあった．同図A，Bの箇所ではそれ以前の洪積世（更新世）に生成された地層が表層にあった．その後，気温の上昇と

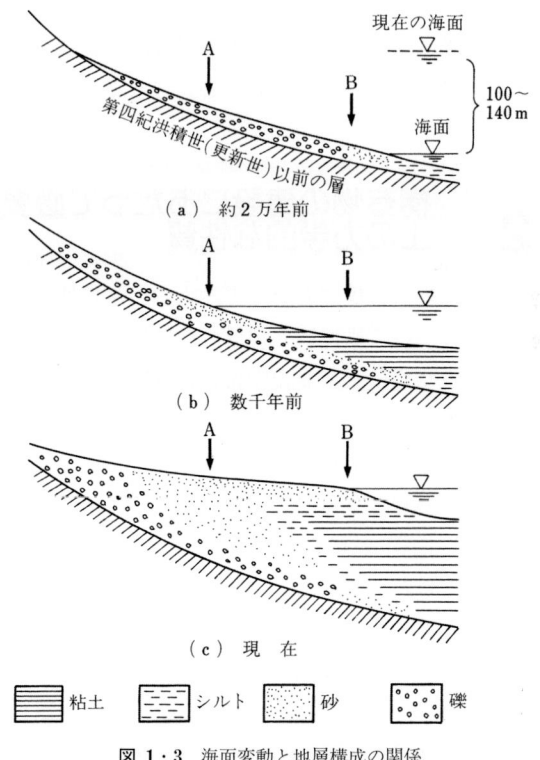

図1・3 海面変動と地層構成の関係

ともに海面が上昇し，同図 (b) に示すように，A，B の箇所はそれぞれ海岸，海の中になった．そのため，川から流れてくる土砂のうち，前者では砂が，後者では粘土が堆積した．約 6000 年前に海面の高さは最大に達し，その後多少上下しながら現在に至っている．この間に川からの土砂の堆積が進み，同図 (c) に示すように，B の箇所も陸地になり，砂が堆積するようになった．このため，A では地表面から砂が堆積しているが，B では砂の層の下部に粘土層が存在している．

さて，約 1 万年前以降に堆積した地層を沖積層と呼んでいる．沖積層は堆積してからあまり時間がたっていないため，一般に軟弱である．これに対し，洪積層は時間もたっており，かなり硬くなっている．したがって，構造物を建設するにあたって，沖積層で支持できなければ，杭基礎などにより洪積層で支えることが行われる．

図 1・3 は海面と土砂の流入による一般的な堆積過程を示したが，局所的に湿地ができたところでは，軟弱な粘土層や腐植土層が堆積していることがしばしばある．したがって，ある場所に構造物を建設する場合，地盤調査および土質試験を行って，地層構成や土の力学特性を推定する必要がある．

2 構造物の建設にあたって必要な情報と土の力学的な性質

構造物の設計や建設，維持管理にあたって，土の力学特性を知っておく必要がある．ただし，対象としている構造物と地盤の種類によって，被害のパターンが異なり，これに対処するために必要な力学特性の内容が異なる．構造物の被害パターンを示すと図 1・4 のようになる．

まず，図 1・4(a) に示すように，軟弱粘土地盤上に道路盛土や建物を建設する場合，盛土や建物の沈下が問題となる．この沈下は，構造物の荷重により粘土内の間隙水が絞り出されて生じる．最終的な沈下量は数 m 程度まで大きくなることもあり，最終沈下量がいくらかが問題となる．また，間隙水が絞り出されるまでに時間がかかって，図 1・5 に示すように沈下が数年続くこともあり，沈下がいつ終わるのかが問題となる．このような現象を圧密沈下と呼んでおり，その推定には土特有の情報が必要である．このため，現場から土の不撹乱試料を採取し，圧密試験と呼ばれる試験を行う．

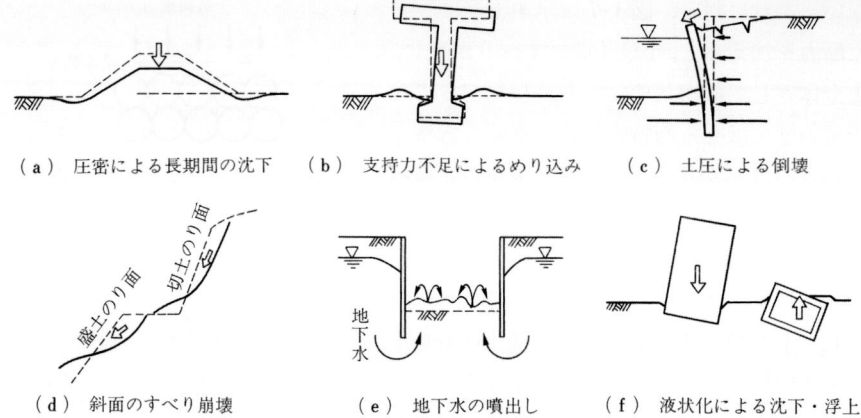

(a) 圧密による長期間の沈下　　(b) 支持力不足によるめり込み　　(c) 土圧による倒壊

(d) 斜面のすべり崩壊　　(e) 地下水の噴出し　　(f) 液状化による沈下・浮上

図 1・4　地盤に起因した構造物の被害パターン

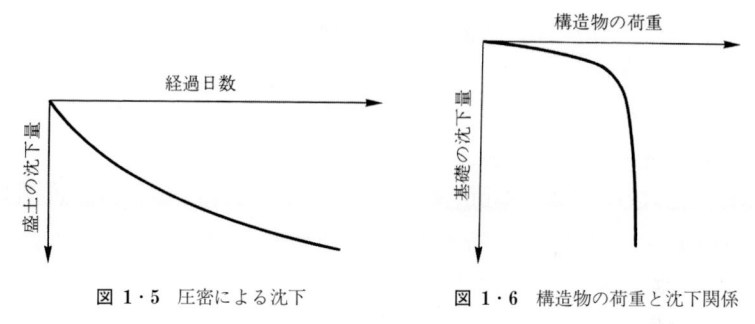

図 1・5　圧密による沈下　　　　図 1・6　構造物の荷重と沈下関係

次に，図1・4(b)に示すように，ゆるい砂地盤上に橋脚などの重い構造物をつくる場合，地盤の支持力が小さく荷重が大きいと，図1・6に示すように構造物が地盤にめり込んでしまう．これに対処するには，地盤を改良するか，杭基礎などで支持させる．杭基礎では杭の周面での摩擦力と先端の抵抗力により，構造物の荷重を支持する．このような支持力を推定するためには，地盤内での応力分布と地盤の支持力に関する情報が必要になる．地盤の支持力は土のせん断強さと重さなどから推定される．

ところで，土は土粒子が積み重なってできているため，引張強度はほとんどない．一方，土粒子の組成は岩石片と同じなので通常の荷重では壊れない．したがって，土全体に等方的な圧縮力を加えても，圧縮するだけで土自体の破壊は生じ

ない．これに対し，**図1·7**に示すように，せん断力を加えると，土粒子間にすべりが生じ，土全体として破壊状態になる．したがって，土質力学ではせん断特性が特に重要であり，この点がコンクリートや鉄などの他の建設材料と大きく異なる．なお，図1·7において応力-ひずみ曲線は，ひずみが小さい段階から非線形となり，また，破壊前に点Aで荷重を除荷しても残留ひずみは残る．上載荷重やせん断中の間隙水の出入り（排水条件と呼ぶ）が異なると，応力-ひずみ曲線が異なる．このように応力-ひずみ関係が非常に複雑なことも土の特徴であり，土質力学を複雑にしている．

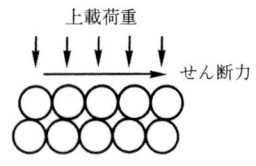

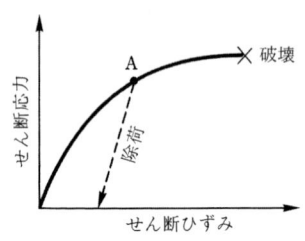

図1·7 土の応力-ひずみ関係

さて，話をもとに戻して，岸壁や地中埋設物を建設する場合には，図1·4(c)に示すように，壁に加わる水平方向や鉛直方向の土圧の値が問題となる．この土圧に壁が抵抗できないと，壁は倒れたり壊れたりする．土圧の値は土のせん断強さや重さ，地下水位から推定される．

道路建設にあたって盛土や切土を行う場合や自然斜面で風化が進んでいる場合，図1·4(d)に示すように，豪雨や地震の際のすべり崩壊に注意する必要がある．すべり崩壊の推定は，土のせん断強さや重さ，地下水位をもとに行われる．

ダムの建設や地盤の掘削にあたっては図1·4(e)に示すように，地盤内の地下水の流れが問題となる．地下水の流れやすさは透水性と呼ばれる．ダムにおいて透水性が良いと漏水が発生し，ダムを崩壊させる．地盤の掘削時に，掘削底と周囲との地下水位差が大きくなると，掘削底から土と水が噴き上がる「ボイリング現象」が発生し，事故を起こす．これらの検討には，地盤の透水係数や地下水位などの情報が必要となる．

地震時には地盤の強度や剛性の低下が生じ，構造物に被害を与えることがある．その代表例がゆるい砂地盤の液状化である．地盤が液状化すると，図1·4(f)に示すように，地盤上に建てられた構造物が沈下し，地中に埋められた軽い構造物は浮き上がる．

なお，土は土粒子が密に詰まっていると強度が大きくなるため，地盤を締め固

めることにより強度や支持力を増加させることができる．そのため，土の締固め特性も必要な情報となる．

3　土の基本的物理量

　平野部の地盤では，地下水面は一般に地表面下 1～数 m のところにある．したがって，**図 1・8** の模式図に示すように，地下水面以下の地盤では土粒子間の間隙は水で飽和されている．地下水面より少し上部では，毛管現象により地下水が吸い上げられ，間隙内の一部にくっついている．このような状態を不飽和状態という．上部になるにつれて，間隙内に占める水の量，つまり，飽和度は減る．地表面付近では，降雨がない場合，間隙に水が全然ない乾いた状態となる．このような状態を乾燥状態と呼ぶ．

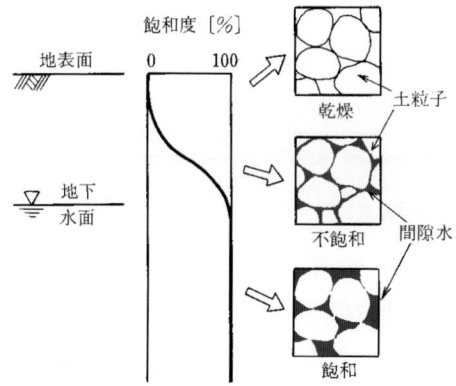

図 1・8　地下水面と飽和の関係

　以上のように，土を構成しているものは，一般に土粒子と水と空気の三つとみなすことができる．この三つの相が占める割合のバランスによって，土の強度特性などが大きく変わってくる．例えば，土粒子の占める割合が大きいとよく締まっており，強度は大きい．なお，水と空気を加えた体積は間隙の体積に相当することはいうまでもない．

　さて，ある土の要素内で三つの相が占める体積や質量の割合を，**図 1・9** のよう

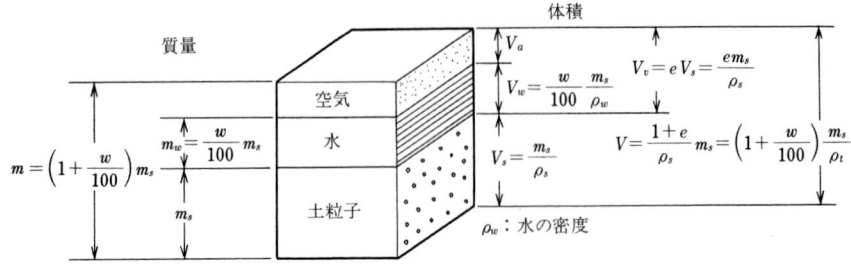

図 1・9 土の三つの相の定義

表 1・2 基本的な物理量の定義

(1) 体積に関する物理量

（a） 間隙比　$e = \dfrac{V_v}{V_s}$　　（b） 間隙率　$n = \dfrac{V_v}{V}$

（c） 飽和度　$S_r = \dfrac{V_w}{V_v} \times 100 \ [\%]$

(2) 質量に関する物理量

（a） 含水比　$w = \dfrac{m_w}{m_s} \times 100 \ [\%]$

(3) 体積と質量の両方に関する物理量

（a） 土粒子の密度　$\rho_s = \dfrac{m_s}{V_s}$　$[\mathrm{g/cm^3}]$

　　　（土粒子の比重　$G_s = \dfrac{\rho_s}{\rho_w}$）

（b） 湿潤密度　$\rho_t = \dfrac{m}{V}$　$[\mathrm{g/cm^3},\ \mathrm{t/m^3}]$

　　　（湿潤単位体積重量　$\gamma_t = \dfrac{mg}{V} = \rho_t g$　$[\mathrm{kN/m^3}]$）

（c） 乾燥密度　$\rho_d = \dfrac{m_s}{V}$　$[\mathrm{g/cm^3},\ \mathrm{t/m^3}]$

　　　（乾燥単位体積重量　$\gamma_d = \dfrac{m_s g}{V} = \rho_d g$　$[\mathrm{kN/m^3}]$）

（d） 飽和密度　$\rho_{\mathrm{sat}} = \dfrac{m}{V}$　$[\mathrm{g/cm^3},\ \mathrm{t/m^3}]$

　　　（飽和単位体積重量　$\gamma_{\mathrm{sat}} = \dfrac{mg}{V} = \rho_{\mathrm{sat}} g$　$[\mathrm{kN/m^3}]$）

　　　　ただし，いずれも $S_r = 100\%$ の場合

（e） 水中単位体積重量　$\gamma' = \dfrac{m_s g - \rho_w g V_s}{V} = \dfrac{mg - \rho_w g V}{V}$　$[\mathrm{kN/m^3}]$

　　　ただし，$S_r = 100\%$ の場合

ρ_w：水の密度（4℃で $1\mathrm{g/cm^3} = 1\mathrm{t/m^3}$），$g$：標準重力の加速度（$= 9.81 \mathrm{m/s^2}$）
γ_w：水の単位体積重量（$= \rho_w g$），$1\mathrm{N} = 1\mathrm{kg \cdot m/s^2}$

に模式化して示してみる．そして，体積と質量に関する物理量を**表1・2**のように定義する．これらは以下のような意味を持っている．

1　体積に関する物理量

（a）　**間隙比**（void ratio）e

土粒子に対する間隙の体積の比率を示す値である．圧密により体積が減少する場合，土粒子の体積は変化せず間隙の体積だけ減少するため，その減少の割合を示すときなどに便利な物理量である．この値は試験を行って直接測定することができないので，測定できる他の値から，次式を用いて求める．

$$e=\frac{\rho_s(1+w/100)}{\rho_t}-1 \quad \text{または} \quad e=\frac{V\rho_s}{m_s}-1 \tag{1・1}$$

なお，この式や後述するいくつかの関係式は，図1・9をもとに，容易に誘導することができる．

（b）　**間隙率**（porosity）n〔％〕

土全体の体積に占める間隙の比率を示す値である．間隙比に比べて使用頻度は低いが，いくつかの式の展開を行っていく過程で用いられる．なお，間隙比とは次式の関係がある．

$$n=\frac{e}{1+e} \tag{1・2}$$

（c）　**飽和度**（degree of saturation）S_r〔％〕

間隙に占める水の割合を示す値である．不飽和土の透水性や力学特性を表すときに必要な物理量である．この値は間隙比と同様に直接測定できないので，次式から求める．

$$S_r=\frac{w\rho_s}{e\rho_w} \text{〔％〕} \tag{1・3}$$

2　質量に関する物理量

（a）　**含水比**（water content または moisture content）w〔％〕

土粒子に対する水の質量の割合を示す値である．間隙比と同様に，土粒子の質量は圧密などによって変化しないため，圧密や強度定数などと関係づけられて非常によく用いられる物理量である．この値を求めるためには，質量m_cの容器に一定の試料を入れて全質量m_aを測定し，110℃で一定質量になるまで24時間程度

炉乾燥した後，再び質量 m_b を測って次式から求める．

$$w = \frac{m_w}{m_s} \times 100 = \frac{m_a - m_b}{m_b - m_c} \times 100 \; [\%] \qquad (1 \cdot 4)$$

3 体積と質量の両方に関する物理量

（a）**土粒子の密度**（density of soil particles）ρ_s [g/cm³]

土粒子のみの密度であり，岩石の密度に近い値 $2.6 \sim 2.7 \mathrm{g/cm^3}$ 程度の値を一般に示す．この値を求めるには，**図 1·10** に示すようにピクノメータと呼ばれる容器に試料と蒸留水を入れ，煮沸によって十分に空気を追い出したときの質量 m_b を測定し，その後試料を乾燥させて土粒子の質量 m_s を測り，次式から求める．なお，m_a はピクノメータに蒸留水を満たしたときの質量である．

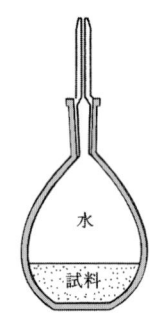

図 1·10 ピクノメータによる土粒子の密度の測定方法

$$\rho_s = \frac{m_s}{m_s + m_a - m_b} \cdot \rho_w \qquad (1 \cdot 5)$$

なお，$G_s = \rho_s / \rho_w$ を土粒子の比重と呼ぶ．

（b）**湿潤密度**（wet density）ρ_t [g/cm³，t/m³]

飽和度にかかわらず，土全体でみた場合の密度である．土を不撹乱状態で採取（サンプリング）できた場合には，供試体を成形して体積と質量を測ることにより簡単に求めることができる．また，原位置では一定の穴を掘り，その掘った土の質量と掘った穴の体積から求める．原位置で掘った穴の体積は穴に水や砂を入れて測定する．これらの方法を水置換法，砂置換法と呼ぶ．

湿潤密度は，通常，粘性土で $1.5 \sim 1.7 \mathrm{t/m^3}$ 程度，砂質土で $1.8 \sim 2.0 \mathrm{t/m^3}$ 程度の値である．土が乾燥していれば乾燥密度と等しくなり，飽和していれば飽和密度と等しくなる．

なお，湿潤密度が ρ_t である土の重量を湿潤単位体積重量（wet unit weight）γ_t [kN/m³]と呼ぶ．標準重力の加速度を g とすると $\gamma_t = \rho_t g$ となる．したがって，ρ_t が $1.80 \mathrm{t/m^3}$ の場合，γ_t は $17.6 \mathrm{kN/m^3}$（重力単位系では $1.80 \mathrm{tf/m^3}$）となる．

（c） **乾燥密度**（dry density） ρ_d 〔g/cm³, t/m³〕

土粒子の質量のみを土全体の体積で除した値である．間隙比や含水比と同様に土粒子の締まり具合を示すのに有効な値で，締固め特性を表す場合などに用いられる．湿潤密度と同様に供試体の体積を測り，力学試験などの後に乾燥させて土粒子の質量を測って求めるか，含水比を測定して次式から求める．

$$\rho_d = \frac{\rho_t}{1+w/100} \tag{1・6}$$

なお，湿潤密度と同様に，乾燥密度が ρ_d である土の重量を乾燥単位体積重量（dry unit weight） γ_d 〔kN/m³〕と呼び， $\gamma_d = \rho_d g$ と表される．

（d） **飽和密度**（saturated density） ρ_{sat} 〔g/cm³, t/m³〕

間隙が飽和している場合の，土全体でみた密度である．地下水位以下の土の密度を求める場合に用いられる．飽和した供試体であれば，上記(b)と同様に体積と質量を測って直接求まるが，飽和していない場合には飽和度を100％とみなして次式などから求める．

$$\rho_{\text{sat}} = \frac{\rho_s + e\rho_w}{1+e} \tag{1・7}$$

なお，湿潤密度と同様に，飽和密度が ρ_{sat} である土の重量を飽和単位体積重量（saturated unit weight） γ_{sat} 〔kN/m³〕と呼び， $\gamma_{\text{sat}} = \rho_{\text{sat}} g$ と表される．

（e） **水中単位体積重量**（submerged unit weight） γ' 〔kN/m³〕

地下水位以下では土粒子が浮力を受けるため，土粒子の重量から浮力を差し引いた値を土全体の体積で除した値である．土全体の重量から土の体積分の浮力を差し引いたものを土全体の体積で除した値ともなる．土の強度は土粒子間力に関係するため，地下水面以下ではこの値のほうが飽和単位体積重量より必要となる．これを求めるためには，次式などの関係を用いる．

$$\gamma' = \gamma_{\text{sat}} - \gamma_w = \frac{G_s - 1}{1+e} \gamma_w \tag{1・8}$$

第1章 土 の 特 性

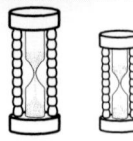

4　土の工学的分類

1　粒径と粒度分布

　1·1節で述べたように，土の力学特性は土の粒径によって大きく異なる．また，均一な粒径から構成されているかどうかといった粒度分布によっても異なる．さらに，粘性土では後述するコンシステンシーによっても特性が異なる．このため，粒度分布やコンシステンシーを表すパラメータを設定して，工学的分類に用いている．

　図1·2に示したように，粒径の大きさによって土は礫から粘土に分類される．75 μm（0.075 mm）より大きい粒径の場合は，ふるいを用いて粒度分布を求めることができる．通常，目の大きさが異なるふるいを数個用いて，75 μm以上の粒径の分布を求める．例えば，図1·11(a) のように，6個のふるいを目の粗いものを上にして重ねる．そしてある量の炉乾燥した土をいちばん上のふるいに入れ，振動を加える．その後，各ふるいと底版に残った試料を取り出し，質量を測定する．各ふるいを通過した試料の質量を加え合わせ，全体の質量で割って通過質量百分率を求め，図1·11(b) のようにプロットして，粒径加積曲線を求める．

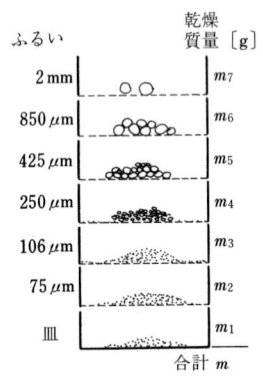
(a)

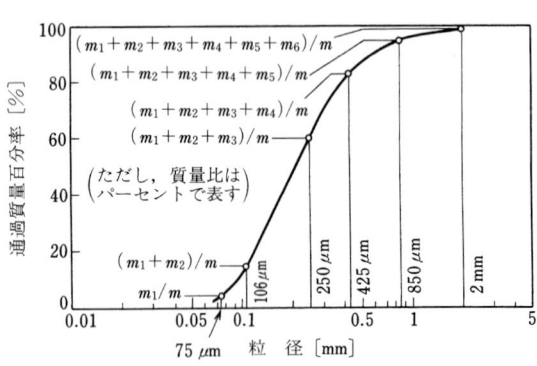
(b)

図 1·11　ふるい分け試験方法

一方，75 μm 以下の粒径の場合には，細かすぎてふるいで分析することができない．そこで，沈降分析方法を用いる．この方法では，メスシリンダに 2 mm ふるいを通過した土を入れ，水を入れてかくはんした後静置する．そして，一定時間ごとに浮ひょうを用いて，ある深さの懸濁液の密度を測る．土粒子のうち，粒径の大きいものは早く沈降するため，懸濁液の密度の時間変化から粒度分布が推定できる．なお，試験方法の詳細は「地盤材料試験の方法と解説[1]」などを参考にしていただきたい．

さて，図 1・11(b) のような粒径加積曲線の特性を表す指標としては，次のような値がよく用いられる．

（a） **50% 粒径**（平均粒径，mean diameter）D_{50}〔mm〕

図 1・12 に示すように，50% 通過粒径であり，試料中の粒径の中位の大きさを示す．平均粒径とも呼ばれ，液状化特性を表すパラメータなどとして用いられる．

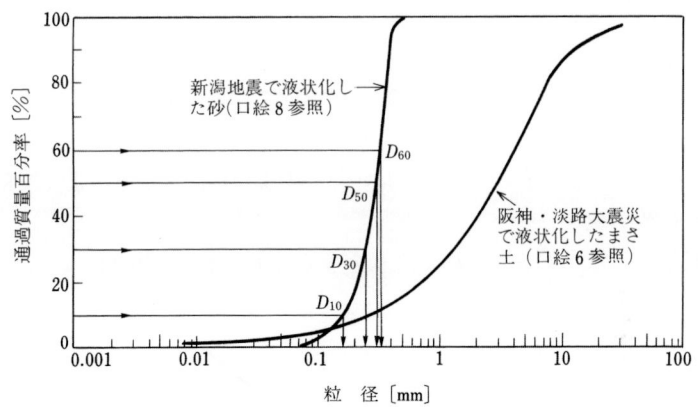

図 1・12　D_{10}, D_{30}, D_{50}, D_{60} の定義

（b） **10% 粒径**（有効径，effective grain size）D_{10}〔mm〕

10% 通過粒径であり，試料中の細かい土粒子の粒径を表す．土の中を水が流れる際，このような細かい土粒子の大きさが流れやすさをコントロールするため，主に透水係数と関係づけられて用いられる．また，均等係数を求めるために用いられる．

（c） **均等係数**（uniformity coefficient）U_c

60% 粒径 D_{60} と 10% 粒径 D_{10} の比で，次式で表される．

$$U_c = \frac{D_{60}}{D_{10}} \qquad (1・9)$$

これは，試料内の粗い土粒子と細かい土粒子の配合割合（まざり具合）を示す値である．細粒分含有率5%未満の粗粒土の場合，均等係数が大きい場合を「粒径幅の広い」，小さい場合を「分級された」と呼ぶ．通常，$U_c=10$程度を境にしてこのように区分している．海岸の砂丘でみられる砂は粒径がそろっており，分級されている．これに対し，後述するように，粒径幅の広い土は盛土をする際によく締まるため，場合によっては粒径が異なる土をまぜ合わせて盛土材として用いる．

（d）**曲率係数** (coefficient of curvature) U'_c

60%粒径と10%粒径との間の粒径加積曲線の形状を示す値で，30%粒径を用いて次式から求める．

$$U'_c = \frac{D_{30}^2}{D_{10}・D_{60}} \qquad (1・10)$$

U'_c が1～3の場合に，「粒径幅の広い」といえる．

2 コンシステンシー限界（アッターベルグ限界）

粘土細工をする際，水を適度に含ませないとぼろぼろになったり，逆に，どろどろになったりしてうまく形をなさない．このように，含水量によって粘土の性質は大きく異なる．

図 1・13 に示すように，まず粘土に水を多く含ませると液体状になる．これを少

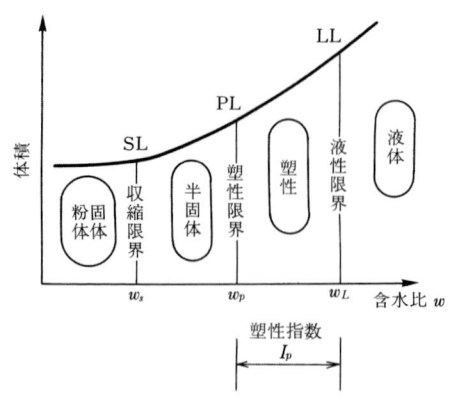

図 1・13　コンシステンシー限界

し乾かし，含水比を下げると，体積が収縮すると同時に，ちょうど粘土細工ができやすい「塑性状態」になる．もう少し乾かすと，体積は収縮すると同時にぼろぼろになり，成形できない「半固体状態」になる．さらに乾かすと，間隙中の水分がなくなるだけで，もはや体積の収縮も起きないから「固体・粉体状態」になる．液体状から塑性状態になる限界（境）の含水比を液性限界（liquid limit, LL），塑性状態から半固体状態になる限界の含水比を塑性限界（plastic limit, PL），半固体状態から固体・粉体状態になる限界の含水比を収縮限界（shrinkage limit, SL）と呼ぶ．そして，それぞれの含水比を w_L, w_p, w_s と表す．

この四つの状態を区別する三つの含水比を総称しコンシステンシー限界と呼ぶ．また，提案者の名前をつけて，アッターベルグ限界とも呼ぶ．土の種類によりアッターベルグ限界は異なるため，土の分類や，力学的性質を推定する際に役立っている．特に，次式に示す w_L と w_p との差は塑性指数 I_p と呼ばれ，土の諸性質と深い関係があるためよく用いられている．この値は土が成形可能な含水比の範囲を意味し，砂っぽい粘土では小さい値となる．

$$I_p = w_L - w_p \tag{1・11}$$

塑性指数と液性限界を用いて粘性土の性質を区分する方法として，**図 1・14** に示す塑性図が用いられる．判定しようとする試料で測定した w_L と I_p を図中にプロットした場合，$w_L = 50\%$ の B 線より右に位置すると圧縮性が大きい土，左だと圧縮性が小さい土とみなせる．また，$I_p = 0.73(w_L - 20)$ の A 線より上に位置すると

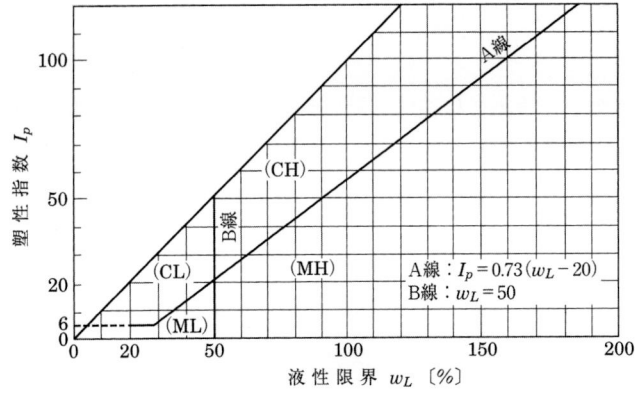

図 1・14 塑性図[1]
（出典：地盤材料試験の方法と解説，地盤工学会）

高塑性でねばねばした粘性土，下に位置すると低塑性でぱさぱさしたシルトとみなせる．

図 1·15 に液性限界を求める試験装置および方法を示す．試料に少量の水を加えて同図 (a) に示す容器の底に最大厚さが約 1 cm になるように平らに塗る．そして，所定のへらで中央部に溝を切る．次に，容器を 1 cm の高さで硬質ゴム台に落下させ，溝の両側の試料が 1.5 cm ほど合流するまでの回数を測定する．この試料の含水比も測定する．次に，試料にさらに水を加え，同様の試験を繰り返す．そして同図 (b) のように，試料が合流するまでの回数と含水比の関係をプロットし，25 回の落下で合流する含水比を液性限界とする．

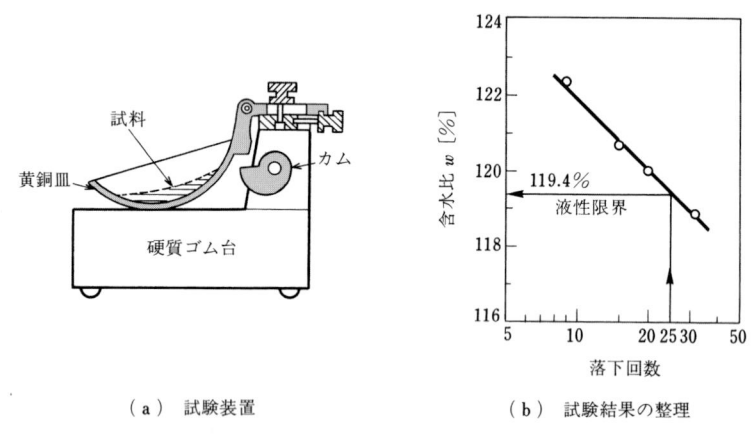

(a) 試験装置　　　　　　(b) 試験結果の整理

図 1·15　液性限界の試験方法

一方，塑性限界を求める場合は，水分を少なくした試料を少量ガラス板の上にのせ，手のひらでころがしながら土のひもをつくる．含水比が高いとひもができるが，低いとぼろぼろになってできない．そこで，含水比を少しずつ変え，ちょうど直径 3 mm 程度のひもができる最低の含水状態になったところで，含水比を測定し，これを塑性限界とする．

以上のように，液性限界試験，塑性限界試験とも単純な方法であるが，液体，塑性，半固体の三つの状態をうまく区分することができる．

3　工学的分類方法

　土を工学的に分類する方法は数多く提案されてきている．いずれも粒径，粒度分布，液性・塑性限界などを用いているが，方法はそれぞれで少しずつ異なる．ここでは，わが国の地盤工学会で決めている基準を示す．

　この方法では，まず，図 1·16 に示すように，人工材料，高有機質土と，そうでない一般の土とを分ける．一般の土は 0.075 mm 以下の細粒分の含有率によって粗粒土と細粒土に分ける．粗粒土はさらに砂分と礫分の割合によって礫質土と砂質土に大分類する．

　そして，それぞれ細粒分を 15% 以上含んだ細粒分まじり礫，細粒分まじり砂と，そうでない礫，砂礫，砂，礫質砂とに中分類する．さらに，礫質土，砂質土とも細粒分，砂分，礫分の含み具合によって小分類する．

　一方，大分類で細粒土と分類されたものは，有機質土，火山灰質粘性土，一般の粘性土に大分類する．そして，一般の粘性土は液性限界と塑性指数で表される図 1·14 の塑性図を用いて，シルトと粘土に中分類し，さらにそれぞれ低塑性限界か高塑性限界かに小分類する．

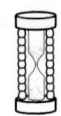

5　土の締固め特性

1　突固めによる土の締固め試験

　道路・鉄道の盛土やアースダムなどをつくる場合，よく締め固めながらつくる必要がある．これはゆるい状態だとせん断強度が小さくて盛土が地震や雨などで崩壊しやすく，また，アースダムでは盛土内を水が流れやすくてダムの水が漏れたり崩れたりしやすくなるからである．締め固めにあたっては 30~50 cm 程度の厚さずつ土をまき出し，ローラなどで転圧する．この際，土の種類やまき出し厚，ローラの荷重により締固め度は異なるが，さらに，土の含水比によっても締固め度が大きく異なる．適度の含水比（最適含水比と呼ぶ）であればよく締まるが，それより乾いていたり，湿潤状態にあると締まりにくい．最適含水比より小さい含水比の場合，水が潤滑材となるため，水を多く含んでいるほうが締まりやすい．

(a) 粗粒土の工学的分類体系(注:含有率%は土質材料に対する質量百分率)

(b) 主に細粒土の工学的分類体系

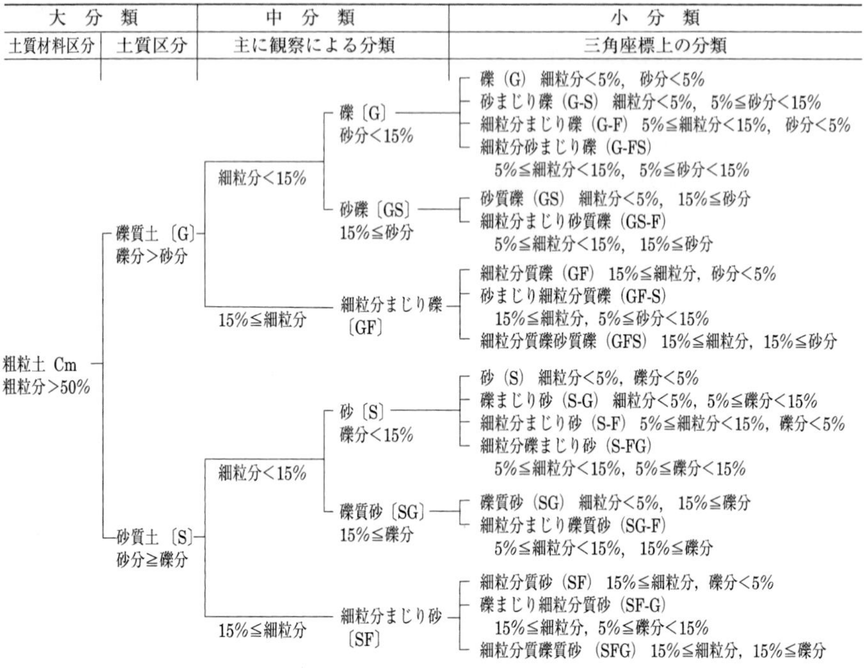

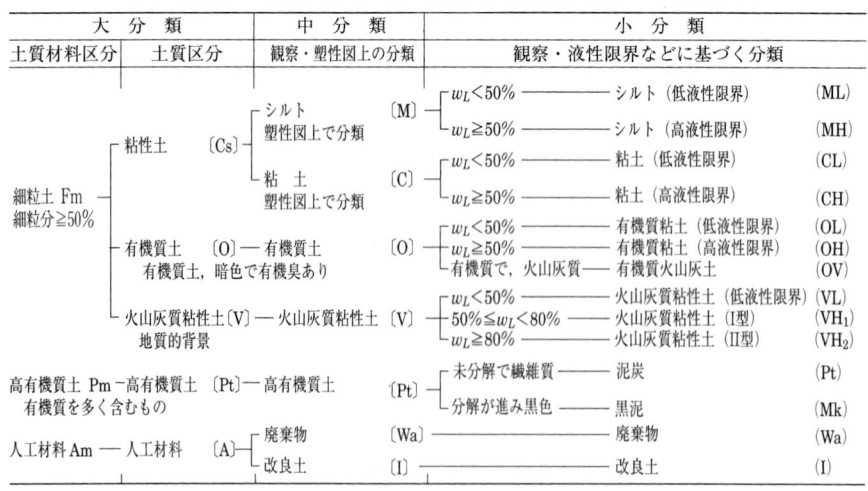

図 1・16 土の工学的分類体系[1](出典:地盤材料試験の方法と解説, 地盤工学会)

逆に，最適含水比より大きい含水比の場合，水を多く含みすぎると土粒子が移動しやすくなりすぎてかえって締まりにくい．したがって，盛土の施工現場では，盛土に使う土の最適含水比をあらかじめ求めておき，土の含水程度によって施工時に現場で水をまいたり，逆に乾燥させて，含水比を調整することが行われる．ただし，実際には現場で乾燥させることは困難であり，自然含水比が最適含水比より少し大きい場合は，自然含水比のままで施工が行われる．

　最適含水比およびそのときの密度を調べるためには，突固めによる土の締固め試験を行う．これには施工方法の規模に応じて，与える締固めのエネルギーにいくつかの方法があるが，ここでは標準的な方法を示す．**図1·17**に試験に用いるモールドとランマを示す．まず，あらかじめ最適含水比が得られるまで試料を乾燥させ，19mmのふるいにかけ，これより大きな粒径の礫は取り除く．そして，試料を3層に分けてカラーをつけた容器内に入れ，各層ごとに25回ずつランマで突き固める．その後，カラーをはずして表面を平らにし，質量を測り，湿潤密度を計算する．

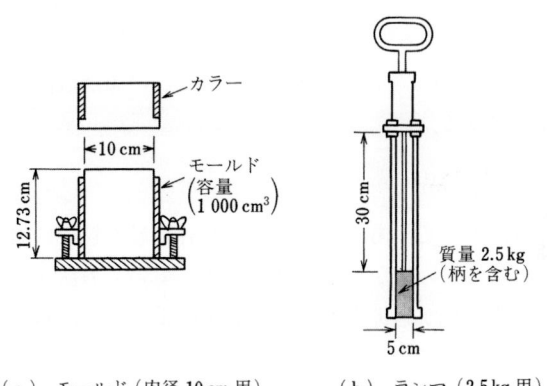

(a) モールド（内径10cm用）　　(b) ランマ（2.5kg用）

図 1·17　締固め試験装置

　また，モールド内の試料を少量とり，含水比を測る．それをもとに，式 (1·6) を用いて乾燥密度を計算し，**図1·18**のようにプロットする．次に，試料に水を加えて含水比の高い試料を調整し，試験を繰り返す．そうすると，図1·18に示すように山形の曲線が得られる．これを締固め曲線 (compaction curve, moisture-density curve) と呼び，頂点になる含水比を最適含水比 (optimum moisture

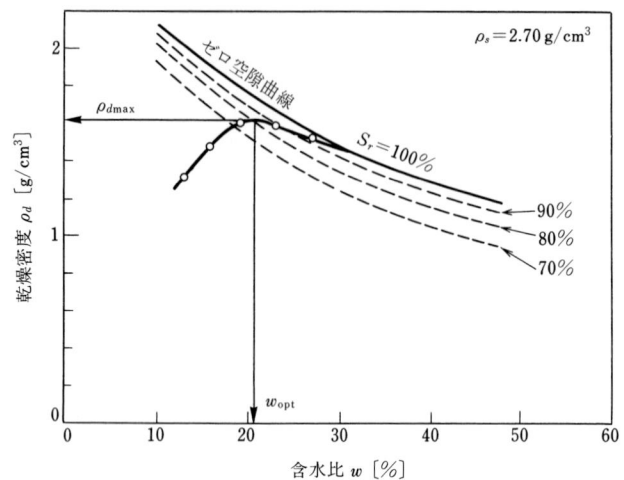

図 1・18 締固め曲線と最適含水比

content) w_{opt}〔%〕，そのときの乾燥密度を最大乾燥密度 (maximum dry density) ρ_{dmax}〔g/cm³〕と呼ぶ．なお，盛土の施工現場などで原位置の密度 ρ_d を測定し，最大乾燥密度 ρ_{dmax} と比較すると，次式により締固め度 D_c が求まる．盛土は一般に 90% 程度以上に締め固めることが必要であるが，この値は設計基準や土構造物の種類によって多少異なる．

$$D_c = \frac{\rho_d}{\rho_{dmax}} \times 100 \, (\%) \tag{1・12}$$

含水比の調整方法として，あらかじめ試料を許容最大粒径に対応するふるいで通過するまで乾燥しておいてから，徐々に加水していく方法を乾燥法と呼ぶ．これに対して，自然含水比から乾燥あるいは加水によって，試料を所定の含水比に調整する方法を湿潤法と呼ぶ．わが国は湿潤気候であるため土の自然含水比は一般に高く，特に粘性土の場合，採取（土取り）を行ったときの自然含水比が最適含水比より大きいことが多い．そこで，通常，含水比調整の容易な乾燥法が用いられる．ただし，火山灰質粘性土や凝灰質細砂などでは，いったん乾燥させると試験結果に影響を与えることがあり，このような場合には湿潤法を用いる必要がある．

なお，図 1·18 に示すように締固め曲線には，100%，80%，60% といった異なった飽和度における含水比と乾燥密度の関係を参考に描くことが多い．これは，

これらの値に次の関係があるからである．

$$\rho_d = \frac{\rho_w}{\rho_w/\rho_s + w/S_r} \tag{1・13}$$

同図に示すように，含水比を高くしていくと土の間隙は飽和するため，締固め曲線は飽和度が100%の曲線（ゼロ空隙曲線と呼ぶ）に漸近する．

2 土の種類と締固め特性

土の種類が異なると締固め曲線は異なる．粒度分布によって異なり，単純な言い方はできないが，一般に，粒径が大きくなると，図 1・19(a) に示すように，最適含水比は小さく最大乾燥密度は大きくなる．

また，同じ土でも，重いランマを用いたり，落下高を高くしたり，まき出しの層数を多くしたり，突固め回数を多くして締固めエネルギーを増すと，図 1・19(b) に示すように，最適含水比は小さく最大乾燥密度は大きくなる．

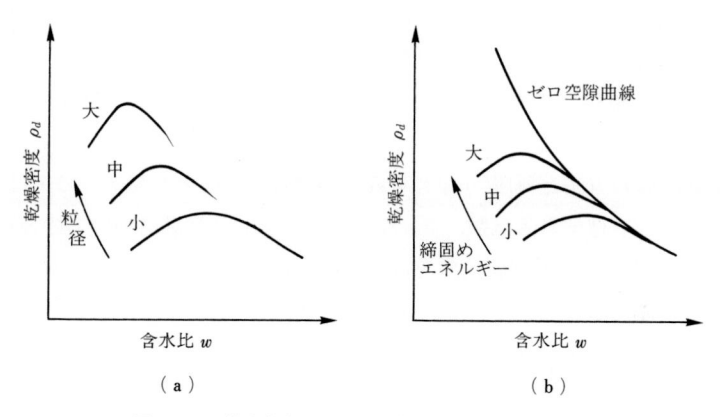

図 1・19　最適含水比と粒径，締固めエネルギーの関係

3 相 対 密 度

以上みてきた盛土の締固めの場合は，細粒分も含む配合の良い砂質土が盛土材として用いられる．そして最大乾燥密度に対して何%の締固め度といった表示で締まり具合を表す．これに対し，砂丘の砂など細粒分を含まないきれいな砂では，締まり具合を次式で表される相対密度 (relative density) D_r で判断することが多い．

$$D_r = \frac{e_{\max} - e}{e_{\max} - e_{\min}} \, (\times 100\%) \tag{1・14}$$

ここで，e は対象としている砂の現場での間隙比であり，$e_{\max}$，$e_{\min}$ はその砂をほぐして容器にゆるく詰めた場合と密に詰めた場合の間隙比である．通常，相対密度が 45% 程度以下であると締まり具合はゆるいと判断し，65% 程度以上であると密と判断する．その中間の密度は中密と判断する．地震時の砂地盤の液状化の検討などに相対密度は用いられる．液状化は締まり具合がゆるい場合に発生する．

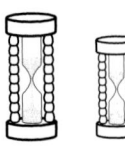

6 地盤調査

この章で述べてきた物理量関係の試験や締固め試験は，土の試料を対象現場から採取したものを室内で試験するため，土質試験と呼んでいる．第 2 章以降に述べる透水試験や圧密試験，せん断試験も同様である．

これに対し，原位置で直接試験したり，土質試験用の試料を採取する方法を地盤調査と呼んでいる．これには数多くの方法が開発されてきており，詳細は「【改訂版】地盤調査の方法と解説[2]」などをみていただくこととして，ここでは特に重要なボーリング，標準貫入試験，シンウォールサンプリングについてのみ述べる．

ある場所の深さ方向の地質構成を調べる場合，ボーリングを行うのが一般的である．これは，先端に刃がついた直径 6～13 cm 程度のチューブを，回転させて土を削りながら掘っていくものである．削りかすや掘っているときの感触などで，大まかな地質構成が把握できる．また，ボーリング孔に流れ込んでくる水の水位を測定して，地下水位を求める．

標準貫入試験はこのように掘ったボーリング孔を利用して行う．これは**図 1・20** (b) に示した二つ割りのサンプラを，同図 (a) のようにボーリング孔底に入れ，上部にロッドをつなぐ．そして，質量 63.5 kg のハンマを，ロッド途中に設けたノッキングヘッド（ストッパ）に 76 cm の高さで落下させて，サンプラを地盤内にたたき込む．そして，30 cm ほどたたき込む（貫入する）までに要した打撃回数を N 値とする．また，その後サンプラを引き上げて，中から試料を取り出し，粒度試験などの土質試験に用いる．試験は 1 m 程度の間隔で所定の深度まで繰返し行われる．

1・6 地盤調査

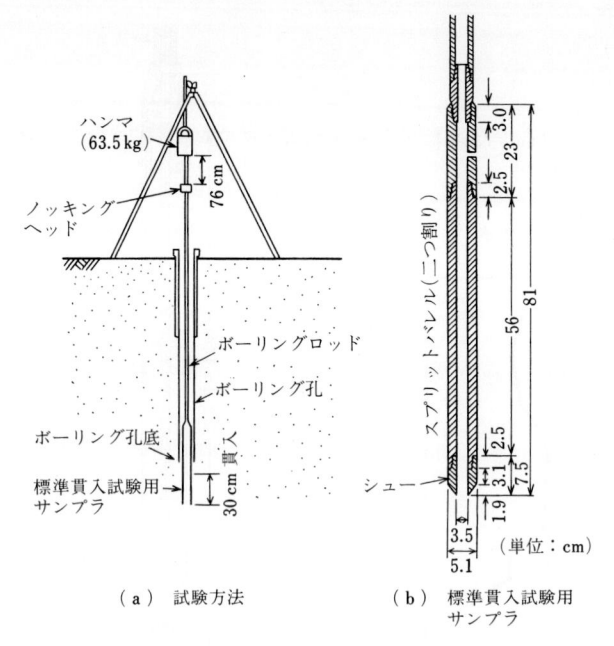

図 1・20 標準貫入試験方法

　この標準貫入試験は，軟弱な粘土地盤から密な砂地盤までほとんどの地盤に適用でき，また，試料も得られるので，地盤調査の中で最も広く用いられている．また，N 値とせん断強さ，支持力特性，液状化強度特性などとの関係が多く調べられており，土質試験を行わない場合にこれらの強度特性を推定するときに用いられている．図 1・21 に N 値の測定結果，および，得られた試料やボーリング中の観察から推定した土質柱状図の例を示す．

　標準貫入試験ではサンプラから試料が得られるものの，たたき込むため中に入る試料を乱してしまう．また，試料の直径も力学試験に供するためには小さい．そこで，圧密試験やせん断試験などの力学試験を行うための不撹乱試料は，特別なサンプラを用いて採取される．サンプラは数多く開発されてきており，土の種類，固さによって適切なものを選定する必要がある．この中で，軟らかい粘土やゆるい砂に対しては，シンウォールサンプラが最もよく用いられている．これは図 1・22 に示すサンプラをボーリング孔底に立て，チューブを地盤内に静かに押し込む．押し込み終わったら，サンプラごと静かに引き抜く．そしてチューブごと試験室に運

図 1・21　N値の測定例

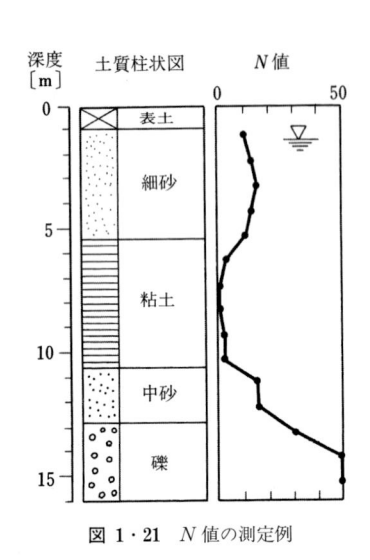

図 1・22　固定ピストン式シンウォールサンプラ

び，チューブから試料を取り出して試験に供する．このサンプラはチューブの厚さが薄いことと，ピストンでボーリング孔底を押さえながらチューブを押し込むことが特徴で，これらにより，サンプリング時の試料の乱れを防いでいる．

まとめ

この章ではまず土の基本的な性質や物理量の定義を述べた．
① 土は土粒子と間隙から構成される．地下水面以下では間隙は水で飽和され，それより上では空気も含んだ不飽和状態にある．したがって，土は土粒子と水と空気の3相からなる．
② 土粒子は粒径により大きいほうから礫，砂，シルト，粘土と呼ぶ．ただし，一般の土はこれらがまざっており，そのまざり具合は粒径加積曲線で表現する．
③ 土の独特の基本的な物理量としては，間隙比，飽和度，含水比などがある．

④ 粘性土では含水比が高いと液体状に，少ないと半固体状に，中間だと塑性状になる．これらの境の含水比を液性限界，塑性限界といい，また，液性限界と塑性限界の差を塑性指数と呼ぶ．
⑤ 土の力学特性は，粒径，粒度分布，液性限界，塑性指数によって主に異なるため，これらをもとに工学的分類を行う．
⑥ 土を締め固める場合，締固まりやすい適度な含水比が存在する．これを最適含水比と呼び，その含水比で締め固めた密度を最大乾燥密度と呼ぶ．
⑦ 現場で地層の種類や固さを調査する方法として，標準貫入試験がよく用いられる．試験結果は N 値で表され，構造物の設計などによく用いられる．

演習問題

1. 式 (1·1)，(1·3)，(1·6) を導け．
2. ある土を採取して，直径 5 cm，長さ 10 cm の円柱状に整形して質量を測ったところ 373.0 g であった．この供試体をその後炉乾燥したところ，316.0 g となった．また，土粒子の密度は $2.650\,\mathrm{g/cm^3}$ であった．この土の採取時の湿潤密度，間隙比，含水比，飽和度を求めよ．
3. 砂地盤の密度を原位置で水置換法にて測ったところ，間隙比で 0.750 であった．この砂を採取して乾燥させ，容積が 120.0 cc，質量が 100.0 g の容器に最もゆるく詰めて容器ごと質量を測ったところ，268.0 g であった．また，同じ容器に最も密に詰めたところ，304.0 g となった．土粒子の比重を 2.700 として，最大間隙比，最小間隙比，および，原位置での相対密度を求めよ．
4. ある試料のふるい分析を行ったところ，2 mm，850 μm，425 μm，250 μm，106 μm，75 μm のふるいに残留した試料の炉乾燥質量がそれぞれ 1.2 g，4.8 g，14.4 g，27.6 g，55.2 g，12.0 g であった．また，75 μm のふるいを通過した試料の炉乾燥質量は 4.8 g であった．この試料の 50% 粒径，均等係数を求めよ．また，図 1·16 によると，この土は何に分類されるか．
5. 飽和度が一定である場合の，土の含水比と乾燥密度の関係式 (1·12) を求めよ．

土の中の水

第2章

掘削底からのボイリング

　土の間隙に水が存在すると，種々の特異な現象が生じる．まず，地下水面より上の不飽和部分では毛管現象が生じ，寒冷地では冬季に地面が膨れ上がる凍上現象が生じる．地下水面以下では，地下水が間隙を通って流れる．この場合，水の流れで土粒子に力が加わり，地面を掘削しているときに掘削底から水と土が突然噴き出すことがある．土の強度は，土粒子同士が押しつけられている有効応力によって発揮されるが，間隙水に何らかの過剰な間隙水圧が働くと，有効応力が下がり，それに伴って強度が低下して事故を起こすことがある．このように，土の力学特性は間隙の水の挙動に大きく左右されるため，ほかの章に先がけてこの章では間隙の水の挙動に関して述べる．

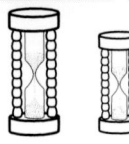

1 飽和土と不飽和土

図1・8に示したように，一般の地盤では地下水面は地表面下のある深さにあり，その下部の土は飽和し，その上部の土は不飽和状態となっている．また，地下水面以下の間隙水は場合によっては水平方向に流れている．ダムや堤防内でも地下水面（この場合は水が流れてくるため浸潤面と呼ぶ）がある深さに存在し，その上，下部で通常の地盤と同様に不飽和，飽和となっている．このような飽和と不飽和状態によって，同じ種類や密度の土でも力学特性が異なる．

地下水面上の土が不飽和になっているのは，地下水面以下の水が毛管現象により吸い上げられるためである．土の間隙は小さく，深さ方向につながっているため，毛管現象によりこの間隙に水が吸い上げられる．吸い上げられる毛管上昇高は間隙が小さいほど高くなるため，細粒分を含まないきれいな砂に比べて，細粒分を含む砂のほうが毛管上昇高は高くなる．寒冷地では冬季に土の中の水が凍り，地表面が隆起する「凍上現象」が発生し，道路の路盤などに被害を与える．この凍上現象は凍結が及ぶ深さの土が凍るだけでなく，その下部から地下水が毛管現象により吸い上げられ，その水も凍るので大きな膨張が発生すると考えられている．したがって，毛管上昇を生じやすく，また，透水性がある程度大きいシルト質の土で凍上による被害を受けやすい．凍上に対する対策としては，毛管水の上昇を遮断するために粗粒土の層を地下水面上に設ける方法などがある．

なお，水を吸い上げる力をサクションと呼ぶ．これは通常の圧力と逆で，マイナスの圧力となる．

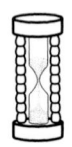

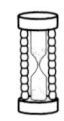

2 透水

1 ダルシーの法則と透水係数

礫や砂では間隙が大きく，水が流れやすい．これに対して，粘土では間隙が小さく，水が流れにくい．したがって，通常，礫層や砂層を透水層，粘土層やシルト層を不透水層または難透水層とみなす．

2・2 透 水

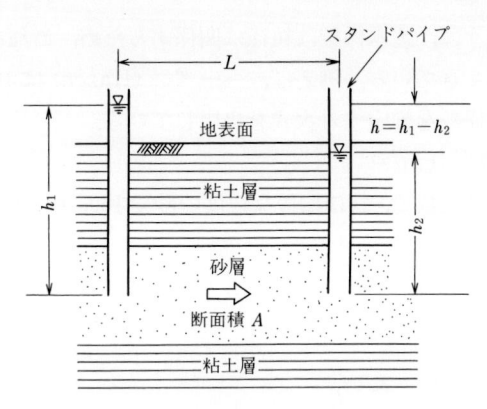

図 2・1 水頭差と土中の水の流れ

　さて，**図 2・1**のように上下を不透水層で挟まれた砂層中を，左から右へ水が流れることを考えてみる．このような水の流れが生じるためには，左側の水圧が高いことが必要である．これを確かめるために，同図に示すように両側にパイプ（この種のパイプをスタンドパイプと呼ぶ）を立ててみる．そうすると，パイプ内の水位は左側のほうが高くなり，確かに左側のほうが水圧が高いことがわかる．両側のパイプ内の水の高さの差（水頭差）を h とし，パイプ間の距離を L とすると，動水勾配 i は次式で定義される．

$$i = \frac{h}{L} \tag{2・1}$$

　ダルシー（Darcy）によると，この土の中を流れる水の速さ v は動水勾配に比例し

$$v = ki \tag{2・2}$$

と表せる．ここで，k は比例定数で，透水係数（coefficient of permeability）と呼ばれ，単位は m/s が用いられる．**表 2・1**に土質と透水係数の概略の関係を示す．

表 2・1 土の種類と透水係数

透水係数 k 〔m/s〕

	10^{-11}	10^{-10}	10^{-9}	10^{-8}	10^{-7}	10^{-6}	10^{-5}	10^{-4}	10^{-3}	10^{-2}	10^{-1}	10^{0}
透水性	実質上不透水		非常に低い		低 い			中 位		高 い		
土の種類	粘性土		微細砂，シルト 砂-シルト-粘土混合土					砂および礫			礫	

変水位透水試験←｜→定水位透水試験

これにみられるように,透水係数は粒径に関係するため,これを関係づけた式がいくつか提案されてきている.例えば,ヘーズン(Hazen)は10%粒径 D_{10}〔cm〕より砂質土の透水係数を推定する次式を提唱している.

$$k = CD_{10}^2 \text{〔cm/s〕} \qquad (2 \cdot 3)$$

ここに,C は比例定数で,特に均等な粒度の砂で150,ゆるい細砂で120,よく締まった細砂で70くらいである.

さて,図2・1で砂層の断面積を A とすると,この砂層を流れる水の流量 Q は式(2・2)を用いて次式で表される.

$$Q = vA = kiA = kA\frac{h}{L} \qquad (2 \cdot 4)$$

2 透水試験

式(2・2),(2・4)にみられるように,土中の水の流れはその土の透水係数に左右される.表2・1に示したように,水が流れやすい礫や砂ではこの値は大きく,粘土では小さい.その違いは非常に大きく,対象としている土に対し,試験を行って値を求める必要がある.この試験には,室内透水試験と現場透水試験があり,後者は「【改訂版】地盤調査の方法と解説[1]」などを参照していただくとして,ここでは前者について述べる.なお,粘土では透水係数を圧密試験から求めることが多い.

室内透水試験には定水位透水試験法と変水位透水試験法があり,透水係数が小さい場合に後者を用いる.図2・2にまず定水位透水試験法を示す.長さ L,断面積 A の供試体の上から水を流し込み,単位時間内に供試体内を透水していく水の量 Q を測って透水係数を求める.流し込む水と流れ出る水面との差 h は一定にしておくと,動水勾配は h/L なので,式(2・4)から透水係数は次式で計算できる.

$$k = \frac{QL}{hA} \qquad (2 \cdot 5)$$

変水位透水試験の場合は,透水量が少ないことに対処するため,図2・3に示すように,断面積が A' の細いパイプを設けた容器を用い,パイプ内の水位の変化から透水係数を求める.ある時間 t から微小時間 Δt だけたったとき,パイプ内の水位が h から $-\Delta h$ だけ下がったとすると,パイプ内の水の減少量は供試体内の透水量に等しいので

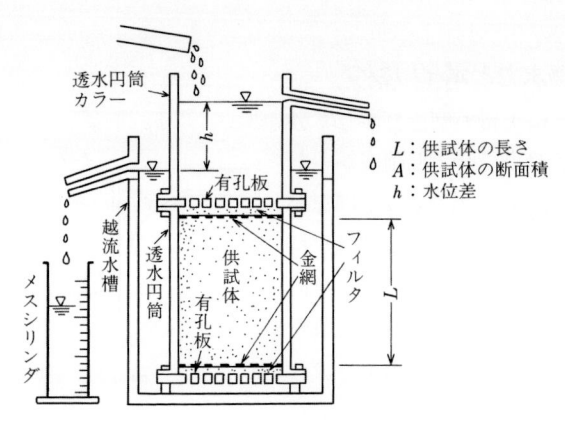

図 2・2　定水位透水試験装置[2]

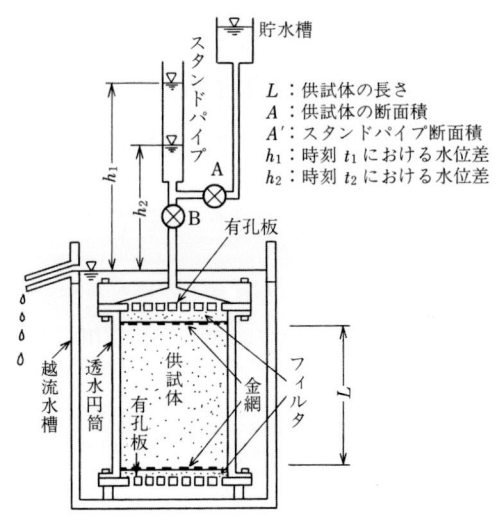

図 2・3　変水位透水試験装置[2]

$$A'(-\Delta h) = kA\frac{h}{L}\Delta t \tag{2・6}$$

となる．試験開始時と終了時の水位を h_1, h_2，そして，かかった時間を t_2 とし，この間で式 (2・6) を積分すると次式が得られる．

$$k = \frac{2.3A'L}{At_2}\log_{10}\frac{h_1}{h_2} \tag{2・7}$$

3 透水力とボイリング

図2・4のように土留め壁を打設して砂地盤を掘削していく場合，掘削底からしみ出てくる水を，ポンプでくみ上げながら掘削を進めていると，突然掘削底が持ち上がり，水と土が噴き出してきて事故を起こすことがある．このような現象をボイリングと呼ぶ．これは，土中を流れる水が土粒子に力を与えるために生じ

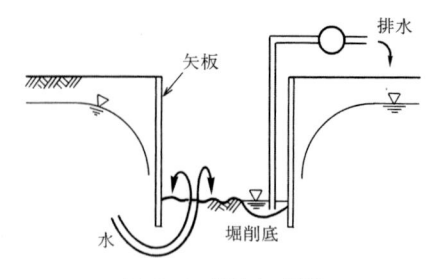

図2・4 掘削時の問題

る．この力は水の粘性により土粒子に作用する摩擦力によって発生するものであり，透水力と呼ばれる．

図2・4を簡単化して図2・5(a)の装置を考えてみる．容器の底より少し上に金網を置きその上に土の試料をのせ，これに右のパイプから水を流す．金網の位置での圧力の平衡を考えると，この上の土の重さは飽和しているため

$$\gamma_{sat} L A$$

となる．一方，パイプのほうの水圧からみると，土を押し上げる力は

$$(h+L)\gamma_w A$$

となり，この力が土の重さより大きくなれば土が持ち上がることになる．この限界の動水勾配は，両者が等しいと置いて，式 (1・8) を用いると

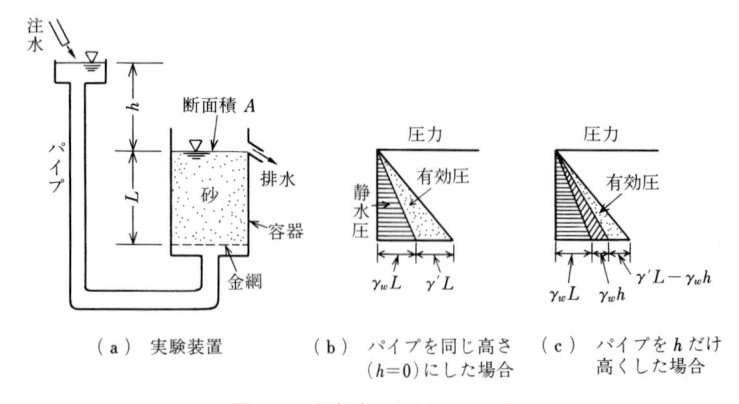

図2・5 掘削時の水の流れの再現

(a) 実験装置 (b) パイプを同じ高さ($h=0$)にした場合 (c) パイプをhだけ高くした場合

$$\frac{h}{L} = \frac{\gamma'}{\gamma_w} = \frac{G_s - 1}{1+e} = i_c \tag{2・8}$$

となる．これを限界動水勾配 i_c（critical hydraulic gradient）と呼び，現場における動水勾配がこれより大きいとボイリングが発生する．通常，砂地盤の γ' は $8 \sim 10 \mathrm{kN/m^3}$ 前後であるため，限界動水勾配は1.0前後の値になる．なお，砂の場合はこのようにボイリング現象が発生するが，粘土の場合は土粒子の粘着力のためにこのような現象は発生しにくい．ただし，動水勾配を大きくすると粘土内に穴があき，これを貫通して水が流れ出すパイピング現象が発生する．

さて，水の流れが土粒子に単位体積当たり F なる透水力を与えるとすると，土粒子は水に $-F$ の力を与える．したがって，容器内に土粒子があるということは，単位体積当たり $-F$ の力が静水圧以外に加わっていることになる．このように考えて，図 2・5(a) の金網の位置における釣合いを考えると，静水圧は $\gamma_w LA$ なので

$$\gamma_w LA + FAL = (h+L)\gamma_w A$$

したがって

$$F = \frac{h}{L}\gamma_w = i\gamma_w \tag{2・9}$$

となる．この透水力を用いて，再度同図 (a) のボイリング現象を説明してみる．まず，パイプを下げて，$h=0$ の状態における圧力分布を示すと，同図 (b) となる．全応力は間隙中の水の静水圧と，土粒子間に作用している有効圧に分けられる．有効圧は土粒子の浮力を差し引いた水中単位体積重量 γ' を用いて，金網の深さで $\gamma'L$ と表される．次に，同図 (a) のようにパイプを上げた場合，金網の位置での透水力は上向きに FAL となり，単位面積当たりの透水力は $\gamma_w h$ となる．これは上向きのため，図同 (c) に示すように，有効圧はその分だけ減少し，$\gamma'L - \gamma_w h$ となる．そこで，パイプの高さ h が高くなり，$\gamma'L - \gamma_w h = 0$ となると，有効圧はゼロとなり，土粒子は粒子間の接触がはずれて水中に浮遊したボイリング状態になる．このとき，$\gamma'L - \gamma_w h = 0$，および式 (1・8) から，ボイリングが発生する限界の動水勾配は

$$i_c = \frac{h}{L} = \frac{\gamma'}{\gamma_w} = \frac{G_s - 1}{1+e} \tag{2・10}$$

となり，式 (2・8) と同じになる．

ただし，実務では過剰間隙水圧をもとにしたテルツァーギの方法を用いて設計することが多い．これは**図 2・6** に示すように掘削底から矢板先端までの深さを L_d

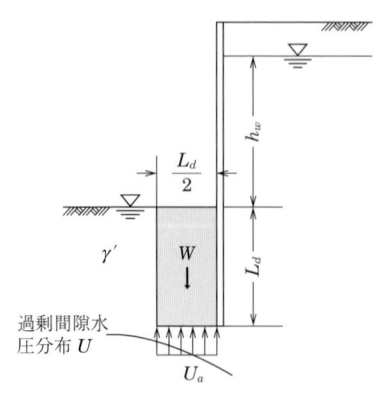

図 2・6 テルツァーギの方法

とし，矢板先端の掘削側 $L_d/2$ の範囲に過剰間隙水圧 U が加わり，その上の土を持ち上げる場合にボイリングが発生すると考えている．U の平均的な値 U_a は掘削内外の水位差 h_w の半分に相当する値で $U_a=(\gamma_w h_w)/2$ とみなしている．したがって，ボイリングに対する安全率 F は単位奥行を考えて

$$F=\frac{W}{U}=\frac{\gamma' L_d \dfrac{L_d}{2}}{U_a \dfrac{L_d}{2}}=\frac{2\gamma' L_d}{\gamma_w h_w} \tag{2・11}$$

となる．

4 流線網

図 2・7 のように土中に水止めの矢板を打ち，一方に水をためると，A，B のような道をたどって地盤内を水は流れる．このような水の流れの流路や水圧分布，透水量を求めるためには，地盤中の土の要素内への水の出入りを考えて式を立てて解くことが行われる．同図中奥行き方向に z 軸をとり，微小要素への水の流入速度を x, y 方向に v_x, v_y とすると，この要素内に単位時間内にたまる水の量は

$$v_x dydz - \left(v_x + \frac{\partial v_x}{\partial x}dx\right)dydz + v_y dxdz - \left(v_y + \frac{\partial v_y}{\partial y}dy\right)dxdz \tag{2・12}$$

となる．定常的に水が流れていると，この値はゼロになるはずなので

$$\frac{\partial v_x}{\partial x} + \frac{\partial v_y}{\partial y} = 0 \tag{2・13}$$

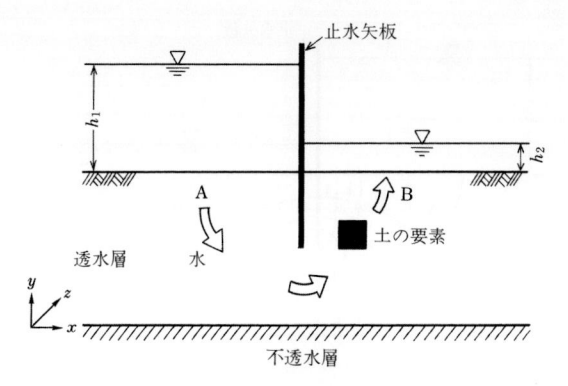

図 2・7 土中の水の流れの検討

となる．この位置での水頭を h とし，x, y 方向の透水係数を k_x, k_y とするとダルシーの法則より，次式となる．なお，水頭とは単位重量の水が持つ種々のエネルギーの大きさを水柱の高さで表したものである．

$$v_x = -k_x \frac{\partial h}{\partial x} \qquad v_y = -k_y \frac{\partial h}{\partial y} \qquad (2・14)$$

これを式 (2・12) に入れ，さらに，$k_x = k_y$ と透水係数が等方の場合を考えると次式となる．

$$\frac{\partial^2 h}{\partial x^2} + \frac{\partial^2 h}{\partial y^2} = 0 \qquad (2・15)$$

これはラプラス (Laplace) の方程式と呼ばれる．これを所定の境界条件で解けば厳密解が得られる．ところが，境界条件が複雑な場合は解きにくく，有限要素法を用いたり，フローネットを用いた簡便な方法で解くことが行われている．

フローネットによる解法では，式 (2・15) の解が 2 組の直角に交わる曲線群で表されることを利用している．解法の詳細は参考図書[3] などを参考にしていただきたいが，そのうち 1 組の曲線群を流線，ほかを等ポテンシャル線という．等ポテンシャル線上では水頭は一定である．例えば，図 2・8 では上流側，下流側の地表面は等ポテンシャル線になる．これらの線上での水頭は h_1, h_2 である．流線としては透水層と不透水層の境界に沿って水が流れるため，まずこれが流線の一つとなる．また，上流側から下流側に矢板に沿っても水が回り込んで流れるため，これも流線となる．そこでこれらの線が直角的に交わり，また，両線群で囲まれる四

第2章 土の中の水

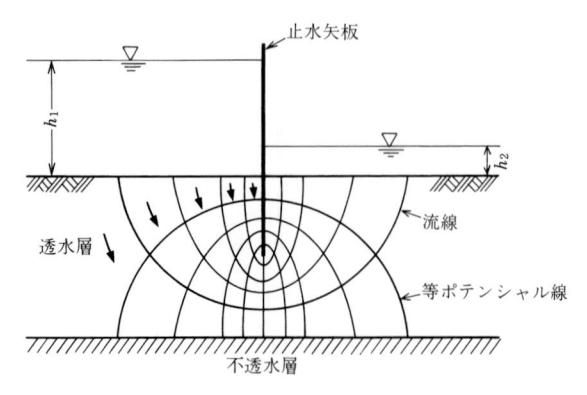

図2・8 フローネットの描き方

角形が正方形になるように線群を描いていく．この場合は矢板に対し幾何学的に対称になるべきで，そのことも考慮する．このように正方形に描かれたフローネットの場合，相隣る等ポテンシャル線間の水頭損失は常に等しく，また，相隣る流線間を流れる透水量は常に等しい性質を持つ．これは，**図2・9**を用いて次のように説明できる[4]．

一連の流線で，A，Bと二つの異なった等ポテンシャル線間の間隔（流線間の間隔）を d_1, d_2，損失水頭を Δh_1, Δh_2 とすると，透水量 q は一定なので

$$q = k\frac{\Delta h_1}{d_1}d_1 = k\frac{\Delta h_2}{d_2}d_2 \tag{2・16}$$

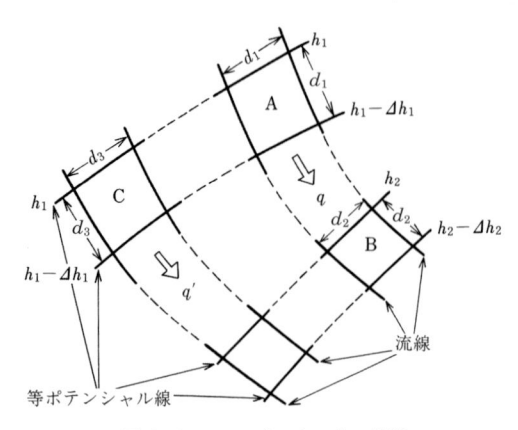

図2・9 フローネットの持つ性質

となり，$\Delta h_1 = \Delta h_2$，つまり A と B では損失水頭が等しくなる．次に，A と等ポテンシャルのもとで異なった流線間 C を通る透水量 q' を考えると

$$q' = k\frac{\Delta h_1}{d_3}d_3 = k\Delta h_1 = q \tag{2・17}$$

となって，A と C での透水量は等しくなる．

さて，図 2・8 に戻って，このようにして描かれた等ポテンシャル線で仕切られた区画の数を N_d とすると，各区画で失われる損失水頭 Δh は上記の正方形フローネットの性格から $\Delta h = (h_1 - h_2)/N_d$ となる．したがって，2 本の流線間の透水量は $k\Delta h$ となり，流線で仕切られた区画の数を N_f とすると，やはり正方形フローネットの性質から，全透水量 Q は次式で表されることになる．

$$Q = k(h_1 - h_2)\frac{N_f}{N_d} \tag{2・18}$$

まとめ

　この章では土の中にある間隙水の挙動について述べた．
① 地下水面より上の不飽和部分では毛管現象が生じる．このため，寒冷地では冬季に凍上現象が起きるので注意が必要である．
② 地下水面以下の水の流量は動水勾配と透水係数に比例する．
③ 間隙水の流れは土粒子に透水力を与える．これは動水勾配に比例する．
④ 掘削時に限界動水勾配を超えるとボイリング現象を起こし，掘削底から水と土が噴き出すので注意が必要である．

演習問題

1. 直径 10.0 cm，高さ（透水距離）12.0 cm の砂の供試体に対し，定水位透水試験を行ったところ，50.0 cm の水頭差に対して，10 秒間に 25.0 cm³ の透水量があった．この供試体の透水係数を求めよ．

2. 右図に示す平行砂層について，水平方向または鉛直方向に水が流れる場合のマクロにみた透水係数を求めよ．

3. 図 2・5 において，$h=0$ のときの砂の底面（金網の上面）における全応力および有効応力を求めよ．また，h を大きくしていった場合，ボイリングが発生する h の高さを求めよ．ただし，$L = 10.0$ cm，砂の飽和密度は 1.90 g/cm³ とする．

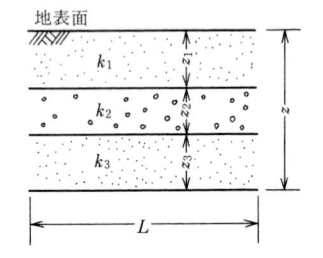

地盤内の応力分布

第3章

図3・7で解析した東日本大震災により液状化で被災した住宅地

　地盤内の各点では土の自重による圧力が働いている．これに，さらに構造物を建設すると，地盤内各点では応力が増加する．増加した応力が大きいと，土が圧縮・圧密したり破壊したりする．載荷により発生した応力を求める場合，地盤を弾性体と仮定すると簡単であり，解析解も得られやすいので，この方法が古くから用いられてきた．ただし，土の応力－ひずみ関係は弾性的でないため，最近ではこれを考慮して，有限要素法により数値計算することが行われるようになってきた．この章では弾性体と仮定して応力を求める方法について述べ，さらに，有限要素法による計算例を示す．また，これらにより，地盤内のある面における応力が得られた場合，異なった傾きの面における応力を算出する方法についても述べる．また，土質力学の中で最も大切な概念である有効応力について述べる．

第3章 地盤内の応力分布

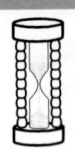

1 地盤を弾性体と仮定した場合の応力分布の求め方

1 単一集中荷重により発生する増加応力

　図1·7に示したように，土の応力-ひずみ関係は非線形であり，しかも荷重を除荷したときに残留ひずみが残る．このように，土は弾性体ではないが，ひずみが小さい範囲では弾性体的な挙動を示すことや，解析解が得られることなどにより，弾性体と仮定して地盤内に発生する応力を計算することがよく行われる．なお，解析解は単純な載荷や地盤条件でしか得られないので，複雑な条件のときには，弾性体と仮定した場合でも有限要素法で解析する必要がある．

　さて，無限な広がりを持つ地表面の一点に，図3·1に示すように単一集中荷重が鉛直方向に載荷する場合を考えてみる．この場合に地盤内各点で増加する応力は，ブーシネスク (Bussinesq) によって理論的に導き出されている．これを直角座標系で示すと以下のようになる．

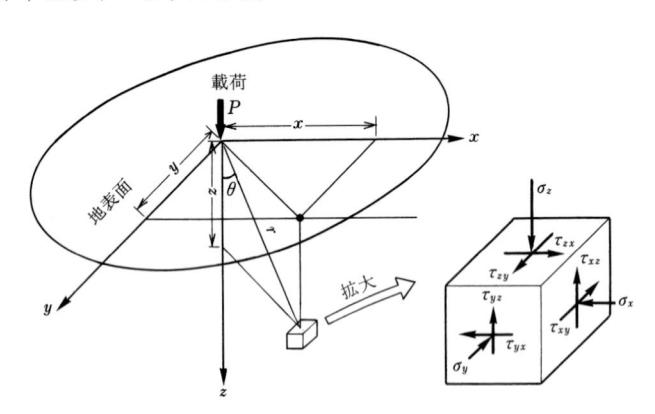

図3·1　ブーシネスクの式における応力の表示

$$\sigma_x = \frac{3P}{2\pi}\left[\frac{zx^2}{r^5} + \frac{1-2\mu}{3}\left\{\frac{r^2-zr-z^2}{r^3(r+z)} - \frac{x^2(2r+z)}{r^3(r+z)^2}\right\}\right]$$

$$\sigma_y = \frac{3P}{2\pi}\left[\frac{zy^2}{r^5} + \frac{1-2\mu}{3}\left\{\frac{r^2-zr-z^2}{r^3(r+z)} - \frac{y^2(2r+z)}{r^3(r+z)^2}\right\}\right]$$

$$\sigma_z = \frac{3P}{2\pi}\cdot\frac{z^3}{r^5}$$

$$\tau_{xy} = \frac{3P}{2\pi}\left\{\frac{xyz}{r^5} - \frac{1-2\mu}{3}\cdot\frac{xy(2r+z)}{r^3(r+z)^2}\right\} \qquad (3\cdot 1)$$

$$\tau_{zy} = \frac{3P}{2\pi}\cdot\frac{yz^2}{r^5}$$

$$\tau_{zx} = \frac{3P}{2\pi}\cdot\frac{xz^2}{r^5}$$

ただし，$r=\sqrt{x^2+y^2+z^2}$，μ はポアソン比である．

この式をみると，各応力は土のヤング率に関係せず，ポアソン比に関係するのみである．また，ポアソン比は一般に土では $0.2 \sim 0.5$ 程度の範囲しかとらないので，地盤の固さによって発生する応力はさほど変わらない．特に，圧密沈下の検討などに用いる鉛直方向の応力は，ポアソン比にも関係しなく便利である．

鉛直方向の応力 σ_z の式に，$z=r\cos\theta$ の関係を用いると

$$\sigma_z = \frac{3P\cos^3\theta}{2\pi r^2} \qquad (3\cdot 2)$$

となり，θ を変えたときの r の軌跡は σ_z の値が一定になる位置を示すことになる．1 MN の単一集中荷重が地表面に加わった場合を考え，荷重直下の $\theta=0$ で $\sigma_z=20\,\mathrm{kN/m^2}$ となる点を求めてみると**図 3・2**(a) の D_0 となり，$\theta=30°$ では D_1 となる．そして，これらを結んだ軌跡は紡錘体の一種となる．この図にはほかの σ_z に対する軌跡も重ねて示すが，球根の形に似ているため，このような等圧線を圧力球根と呼んでいる．同図 (a) のうち，深さが浅い A–A′ と深い B–B′ の面に沿った，σ_z の水平分布を示すと同図 (b) となる．浅いところでは荷重の下に応力が集中するが，深くなるにつれて一様な分布に分散していくのがわかる．

なお，式 (3・1) には応力のみを示したが，変位についても解が求められている．これを用いると，荷重が加わった場合の地表面での沈下量も求めることができる．この沈下を弾性沈下と呼ぶ．沈下には，このほかに第 4 章に示す圧密沈下があり，軟弱な粘土地盤では圧密沈下のほうがはるかに大きい．

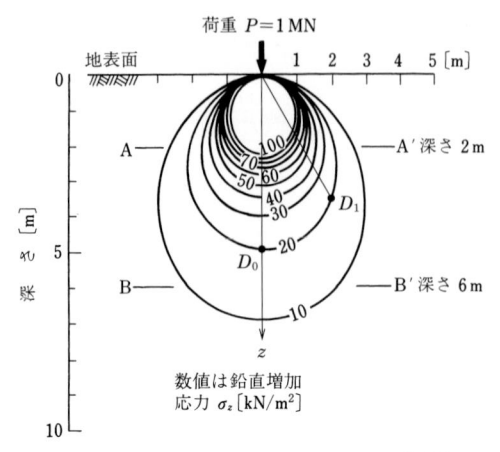

（a）単一荷重による鉛直応力の地盤内分布

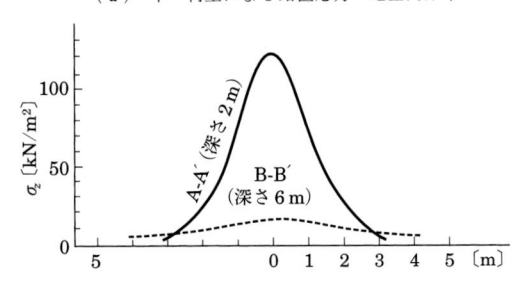

（b）水平面方向での鉛直応力の分布

図 3・2 単一集中荷重下の地盤内の増加応力分布

2 帯状荷重により発生する増加応力

次に，道路盛土などの帯状荷重による増加応力を求めてみる．ここでは地盤を弾性体と仮定しているため，集中荷重による応力を重ね合わせていけばよい．まず，図 3・3(a) のように，線状の荷重を考える．これは集中荷重を y 方向に連ねたものと考え，式 (3・1) による応力を y 方向に $-\infty \sim +\infty$ まで積分する．そして，帯状荷重では，さらにこの線状荷重が同図 (b) に示すように，x 方向にある幅を持っていると考える．そして，線状荷重下での応力を x 方向に $-a \sim +a$ まで積分する．

このようにして帯状荷重による増加応力が求まるが，実務上よく利用される道

(a) 線状荷重　　　　　　　　(b) 帯状荷重

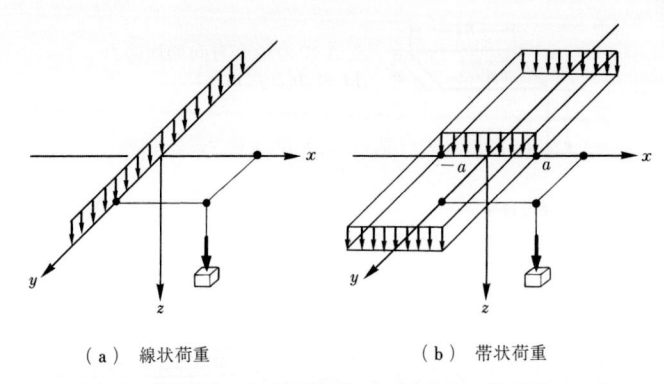

図 3・3　線状荷重および帯状荷重における応力の重ね合わせ方法

路・鉄道盛土のような堤状の荷重に対しては，計算図がオスターバーグ（Osterberg）により用意されており[1]，それを用いて簡単に応力を求めることができる．

3　長方形等分布荷重により発生する増加応力

長方形荷重の場合も，帯状荷重と同様に，式(3・1)の応力を積分していけばよい．この場合も計算図がつくられており，それを用いることができる．**図3・4**(a)に示す長方形荷重の隅角部下における応力は同図(b)から求められる．したがって，隅角部以外の場所における応力を求めるためには，**図3・5**のようにその位置が隅角部となるように荷重範囲を分割し，それぞれの分割荷重で求めた応力を加え合わせればよい．

4　構造物基礎の接地圧

軟弱な地盤に構造物が載荷されると，中央部と端部で沈下量が異なることが起きる．ところが，建物基礎のように，剛なコンクリートの板が底面にあると，基礎全体で一様に沈下せざるを得ないため，板がある部分ではつっぱって，地盤に荷重を伝えなくなる．したがって，上述した帯状や長方形荷重下での応力分布と異なることも起きる．基礎から地盤に伝わる接地圧は，このように，基礎の剛性と地盤の種類によって異なる．粘土地盤と砂地盤上に設置された剛な基礎の，接地圧分布の違いを模式的に示すと，**図3・6**のようになる．粘土地盤では構造物縁辺部で接地圧が大きいのに対し，砂地盤では中心部で接地圧が大きくなる．

第3章 地盤内の応力分布

(a) 考え方

点 A での鉛直方向増加応力
$$\Delta\sigma_v = \Delta q_s \cdot f(m, n)$$

等分布荷重 = Δq_s

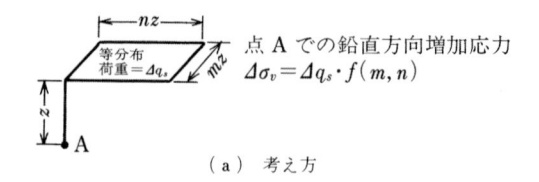

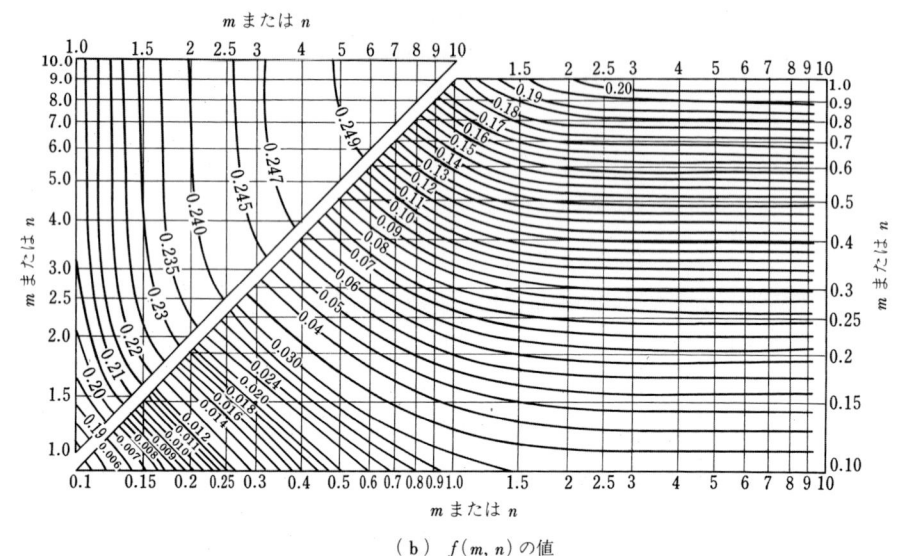

(b) $f(m, n)$ の値

図 3・4 長方形荷重による増加応力[2]
(出典:Newmark, N. M.: Influence Charts for Computation of Stresses in Elastic Foundations, Univ. of Illinois Bulletin, No. 338 (1942))

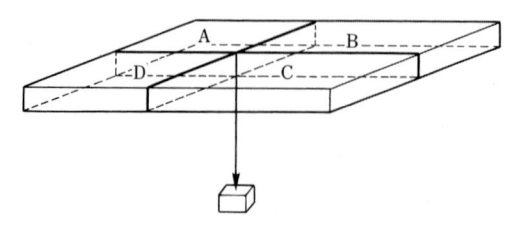

図 3・5 長方形荷重の分割

(a) 粘土地盤　　　(b) 砂地盤

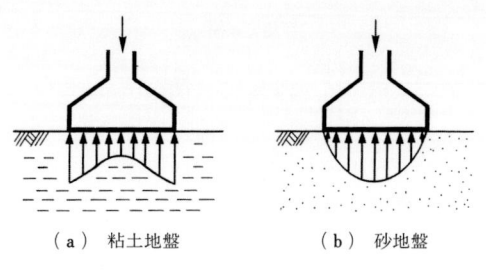

図 3・6　剛なフーチングにおける接地圧

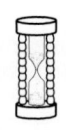

2　有限要素法による応力・変形解析の概要

3・1節の方法では厳密解が得られるものの，任意の形状を持つ地表面や構造物に対しては適用できない．また，土の応力〜ひずみ関係の非線形性を考慮できない．そこで，計算機の発達とともに，近年では有限要素法を用いた応力，変形解析が行われるようになってきた．この方法では，複雑な断面や非線形性を考慮できる．

有限要素法の詳細は専門図書[3]などを参照していただくとして，ここでは解析を行った一例を示す．**図 3・7** は 2011 年東日本大震災の際に東京湾岸の住宅地で液状化により沈下・傾斜した戸建て住宅の事例に対し，解析を行ったものである．地盤調査結果をもとに地層を三つの層に分け，約 5500 個の要素に分割し，地盤調査および土質試験から得られた土の物性を入力してある．同図 (a) は地盤上に二棟の戸建住宅が載った段階に対する自重解析を行った時の主応力分布を示しているが，この段階で生じるひずみは小さいので土の応力〜ひずみ関係は線形と仮定している．同図 (b) はその後に地震により地下水位以下の盛土層と埋土層が液状化して軟化し，さらに過剰間隙水圧が消散して地盤全体が体積圧縮した段階に対する解析を行ったときの，最終的な残留変形状態を示している．液状化により軟化したしたことを考慮するため特殊なバイリニア形の応力〜ひずみ関係を用いて解析している．同図に示されるように戸建て住宅が液状化した地盤に大きくめり込み沈下し，隣接する二棟の影響でお互いに内向きに傾く結果となっており，実際に発生した被害を表現できている．

(a) 戸建て住宅が載ったときの主応力分布

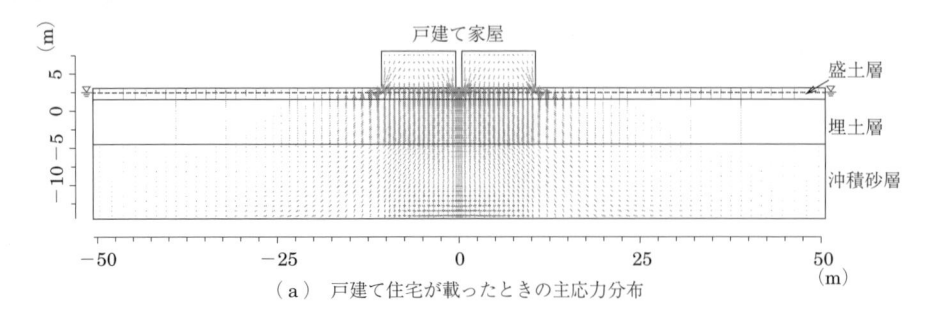

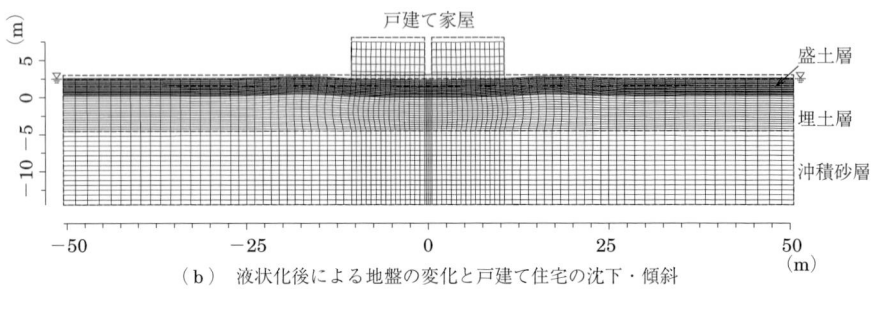

(b) 液状化後による地盤の変化と戸建て住宅の沈下・傾斜

図 3・7　有限要素法による応力，変形の解析例

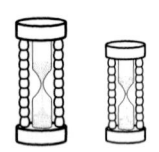

3　地盤内の任意の方向における応力

1　任意の方向の応力

　式 (3・1) などで地盤内の要素の xy, yz, zx 面に加わる応力が求まった後，さらに，任意に傾いた面での応力を求める必要が生じることがある．例えば，ある面に沿ってせん断破壊を生じそうな場合，その面でのせん断応力と直応力を知る必要がある．そこで，任意の面に対する応力を算出する方法を述べてみる．
　簡単化のために二次元断面を設定し，図3・8に示したように，直交する二つの面と，これに α だけ傾いた面をとってみる．AB, AC の直交する二つの面には，既知の直応力 σ_x, σ_z とせん断応力 τ_{xz}, τ_{zx} が加わっているとし，任意の面 BC に生じる直応力 σ_a とせん断応力 τ_a を算出してみる．なお，$\sigma_z > \sigma_x$ で，面 BC の単

位奥行き当たりの面積を S として置く．また，正方形の要素を考えた場合，τ_{xz} と τ_{zx} の大きさが異なっていると，要素は回転してしまうため，$\tau_{xz}=\tau_{zx}$ となる．

さて，σ_a 方向と τ_a 方向の力の釣合いを考えると

$$\sigma_a = \sigma_z \cos^2\alpha + \sigma_x \sin^2\alpha$$
$$+ 2\tau_{xz}\sin\alpha\cos\alpha \quad (3・4)$$
$$\tau_a = (\sigma_z - \sigma_x)\sin\alpha\cos\alpha$$
$$+ \tau_{xz}(\sin^2\alpha - \cos^2\alpha)$$
$$(3・5)$$

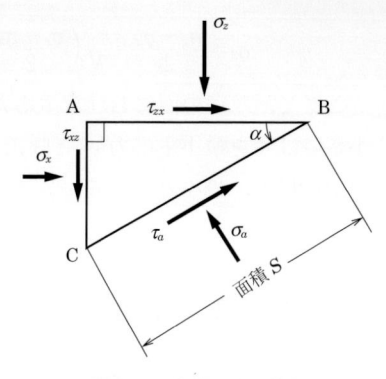

図 3・8 任意の面の応力

となる．そしてこの式は

$$\sigma_a = \frac{\sigma_z + \sigma_x}{2} + \frac{\sigma_z - \sigma_x}{2}\cos 2\alpha + \tau_{xz}\sin 2\alpha \quad (3・6)$$

$$\tau_a = \frac{\sigma_z - \sigma_x}{2}\sin 2\alpha - \tau_{xz}\cos 2\alpha \quad (3・7)$$

と書き直される．これが，面 BC に作用する直応力とせん断応力である．

2 主応力

式 (3・7) において，α を変えていくと $\tau_a=0$ となる場合がある．つまり，任意の面の取り方によっては，せん断応力が働かない傾きの面が存在する．この面を主応力面と呼ぶ．この傾きは式 (3・7) で $\tau_a=0$ として

$$\tan 2\alpha = \frac{2\tau_{xz}}{\sigma_z - \sigma_x} \quad (3・8)$$

つまり

$$\alpha_1 = \frac{1}{2}\tan^{-1}\frac{2\tau_{xz}}{\sigma_z - \sigma_x} \qquad \alpha_2 = \alpha_1 + \frac{\pi}{2} \quad (3・9)$$

となる．したがって，このような面は 2 面あり，それらは直交する．そして，主応力面に働く直応力（主応力と呼ぶ）は式 (3・6)，(3・8) から次のようになる．

$$\sigma_1 = \frac{\sigma_z + \sigma_x}{2} + \sqrt{\left(\frac{\sigma_z - \sigma_x}{2}\right)^2 + \tau_{xz}^2} \quad (3・10)$$

$$\sigma_3 = \frac{\sigma_z + \sigma_x}{2} - \sqrt{\left(\frac{\sigma_z - \sigma_x}{2}\right)^2 + \tau_{xz}^2} \qquad (3\cdot11)$$

ここで，二つの面における主応力は異なるので，大きいほうを最大主応力 σ_1，小さいほうを最小主応力 σ_3 と呼ぶ．式 (3・10), (3・11) で表せる σ_1, σ_3 が式 (3・6) の中で最大，最小となっていることは，式 (3・6) を α で微分してみれば容易にわかる．なお，三次元で考えた場合には，このほかに中間主応力 σ_2 が存在する．

3 モールの応力円

　第5章で後述するように，土のせん断強さを求める場合，試料を円柱状に切り出して，**図 3・9** に示すように半径方向から一定の圧力を加えておいて，鉛直方向に荷重を加えて破壊させる試験をすることが多い．この場合，鉛直方向の応力が最大主応力，半径方向の応力が最小主応力となる．そこで，これらの値を与えておいて，任意の面の σ_a と τ_a を求めることが行われる．この場合には，式 (3・6)，(3・7) において σ_z を σ_1，σ_x を σ_3，τ_{xz} を 0 と置いて

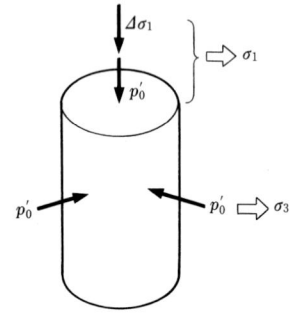

図 3・9　土のせん断強さを求める三軸圧縮試験

$$\sigma_a = \frac{\sigma_1 + \sigma_3}{2} + \frac{1}{2}(\sigma_1 - \sigma_3)\cos 2\alpha \qquad (3\cdot12)$$

$$\tau_a = \frac{1}{2}(\sigma_1 - \sigma_3)\sin 2\alpha \qquad (3\cdot13)$$

が得られる．そして，両式から α を消去すると

$$\left(\sigma_a - \frac{\sigma_1 + \sigma_3}{2}\right)^2 + \tau_a^2 = \left(\frac{\sigma_1 - \sigma_3}{2}\right)^2 \qquad (3\cdot14)$$

となる．これは，**図 3・10** に示すように σ_a と τ_a を軸とし，$((\sigma_1+\sigma_3)/2,\ 0)$ を中心とする半径 $(\sigma_1-\sigma_3)/2$ の円を示す式となっている．つまり，σ_a と τ_a は円上に位置する．この円をモール (Mohr) の応力円と呼ぶ．

　モールの円を用いて，最大主応力面から α だけ傾いた面の σ_a と τ_a を求める場合，まず，σ_1 と σ_3 を σ_a 軸上にプロットし，これらの2点 A, B を通る円を描く．そして，AO から 2α の角度となるモールの円上に点 P をとる．そうすると，式 (3・12)，(3・13) からわかるように，点 P の座標が σ_a, τ_a となる．

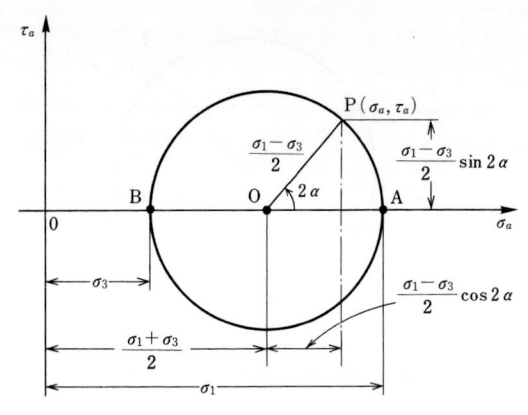

図 3・10　三軸圧縮試験のモールの応力円

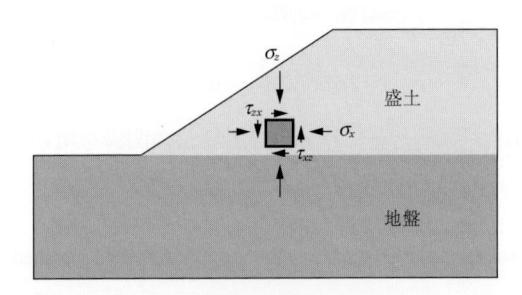

図 3・11　盛土内の応力状態

　なお，モールの円を用いて土の破壊強度を求める方法については，第5章で後述する．

　次にモールの円を用いて，**図 3・11** に示す盛土内の土の要素の水平面から α だけ傾いた面の直応力 σ_a とせん断応力 τ_a を求めてみる．モール円を描くときには，要素を反時計回りに回転させるせん断応力を正とすることに留意し，水平面に作用する応力を与える A 点 $(\sigma_z, -\tau_{zx})$ と，鉛直面に作用する応力を与える B 点 (σ_x, τ_{xz}) をプロットし，AB を直径とする円を描く．次に，円の中心点を O とし，AO から 2α の角度となるモールの円上に点 P をとると，この点の座標が σ_a, τ_a に対応する．

　このことは，**図 3・12** で幾何学的に説明できる．モールの円の半径を r，角 AOS を 2β とすると

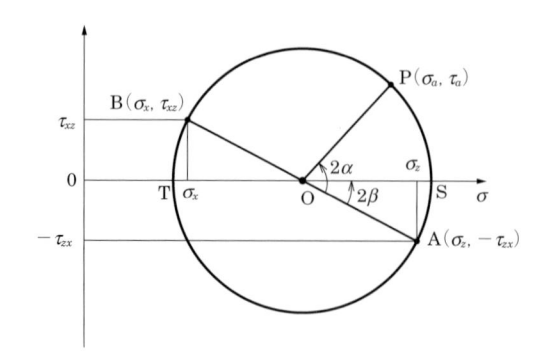

図 3・12 盛土内のモールの応力円

$$\sigma_a = \frac{\sigma_z + \sigma_x}{2} + r\cos(2\alpha - 2\beta)$$

$$= \frac{\sigma_z + \sigma_x}{2} + r(\cos 2\alpha \cos 2\beta + \sin 2\alpha \sin 2\beta) \quad (3\cdot15)$$

と表せるが，$r\cos 2\beta = (\sigma_z - \sigma_x)/2$，$r\sin 2\beta = \tau_{xz}$ の関係を用いると，式(3・6)と同一の式が得られる．τ_a も同様である．

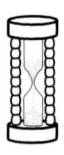

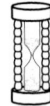

4 間隙水圧と有効応力

1 全応力と有効応力，間水圧の概念

地下水位以下の地盤内のある深さにおける土粒子の接触状態を，模式化して図 3・13 のように描いてみる．実際には土粒子同士が接触している面は平面ではないが，ここでは簡単化のために平面としてある．断面積 A をとって考えて，この面より上にある土や構造物のために，W なる荷重が加わっているとする．また，この面で n 個の土粒子

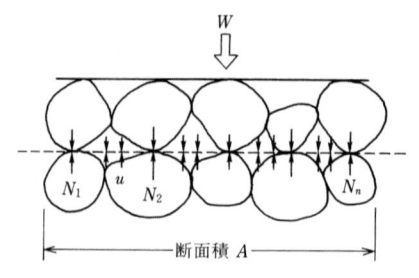

図 3・13 土粒子間力と間隙水圧のイメージ

が接触しているとし，各土粒子に働く力を $N_1, \cdots, N_n$，その総計を N とする．この面にはまた，間隙部分に水圧が作用している．これを u とする．このように考えると，W を各土粒子間に働く力と間隙水圧（pore water pressure）で支えているとみなすことができる．土粒子間の接触面積は小さいため，点接触しているとみなすと，これらの力の釣合いは

$$W = N + uA \tag{3・16}$$

となる．W と N を断面積で割った応力を σ，σ' と置くと次式が得られる．

$$\sigma = \sigma' + u \tag{3・17}$$

これは土の有効応力に関する重要な基本式であり，σ を全応力（total stress），σ' を有効応力（effective stress）と呼ぶ．

有効応力は上記のように，土粒子間の接触力と考えることができる．そこで**図3・14**のように2段の土粒子を想定し，上下を水平にずらすせん断力を加えた場合，接触力が小さいとずれやすく，大きいとずれにくい．したがって，土の強度や変形特性を左右するのは，全応力ではなく，有効応力ということができる．通常，全応力は計算によって求まり，間隙水圧は測定できる．そこで，式 (3・17) を

$$\sigma' = \sigma - u \tag{3・18}$$

と書き直し，全応力から間隙水圧を差し引いて有効応力を求めることが行われる．なお，地下水の流れがない場合，間隙水圧は地下水そのものの重さによる静水圧と，さらに，何らかの荷重が加わったために発生する過剰間隙水圧とからなる．間隙水圧は建設工事の最中などに変化しやすく，そのために知らぬ間に有効応力が変化して事故が起きることがしばしばあるので，注意が必要である．

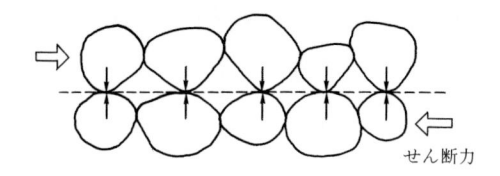

図 3・14　せん断時の有効応力の重要性

2　地盤内の有効応力と静水圧の分布

一般的な地盤として，図 3・15 に示す水平な地盤を考え，有効応力を求めてみる．これを計算するには二通りの方法がある．

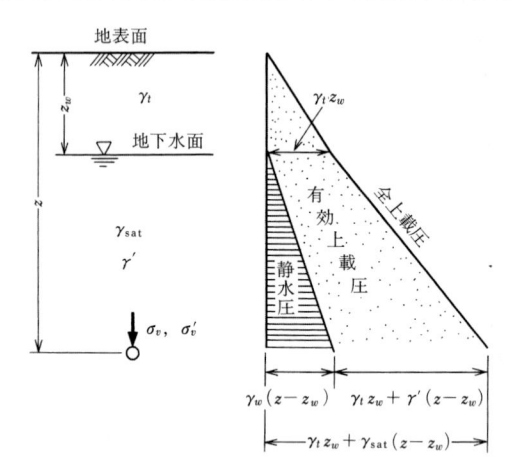

図 3・15 水平地盤での有効上載圧

その一つ目は式 (3・18) を用いる方法である．対象とする深さ z における鉛直方向の全応力（これを全上載圧と呼ぶ）σ_v は $\gamma_t z_w + \gamma_{sat}(z-z_w)$ となり，静水圧は $\gamma_w(z-z_w)$ となる．したがって，鉛直方向の有効応力（有効上載圧と呼ぶ）σ'_v は次式で表せる．

$$\sigma'_v = \gamma_t z_w + \gamma_{sat}(z-z_w) - \gamma_w(z-z_w)$$
$$= \gamma_t z_w + (\gamma_{sat} - \gamma_w)(z-z_w) = \gamma_t z_w + \gamma'(z-z_w) \quad (3・19)$$

二つ目の方法は水中単位体積重量を用いる方法である．この方法では z の深さでの有効上載圧は直接次式から求まる．

$$\sigma'_v = \gamma_t z_w + \gamma'(z-z_w) \quad (3・20)$$

式 (3・19)，(3・20) からわかるように，両者は同じ結果となり，どちらを用いてもよい．なお，以上は鉛直方向の有効応力であるが，水平方向の有効応力 σ'_H は水平な地盤では次式で表される．

$$\sigma'_H = K_0 \sigma'_v \quad (3・21)$$

ここで，K_0 は静止土圧係数と呼ばれ，ゆるい地盤では一般に 0.5 程度の値である．詳しくは第 6 章で後述する．

まとめ

　この章では，地表面に構造物の荷重が加わったときに，地盤内に発生する応力について述べた．
① 地盤を弾性体と仮定すると，荷重の形状が簡単な場合，地盤内に発生する応力を容易に計算できる．
② 有限要素法によると，地盤が弾性体でない場合や荷重の形状が複雑な場合も，応力を計算することができる．ただし，地盤の定数の決め方に注意を要する．
③ ある面における直応力とせん断応力が与えられた場合，任意の面の応力も容易に計算できる．これは，モールの応力円を用いると理解しやすい．
④ 土に周囲から加わる応力を全応力と呼ぶ．これは土粒子間の接触応力と間隙水圧で支えられる．土粒子間の接触応力を有効応力と呼ぶ．したがって，(全応力＝有効応力＋間隙水圧) となる．
⑤ 土の強度などの力学的性質は全応力ではなく，有効応力に左右される．

演習問題

1　下図に示すように質量が 50.0 t で底面の幅が 5 m の剛な立方体の構造物と，質量が 36.0 t で幅が 3 m の立方体の構造物が，4 m 離れて平行に地表に設置された場合，両者の中間位置 P で地表面から 5 m の深さにおける増加応力を求めよ．

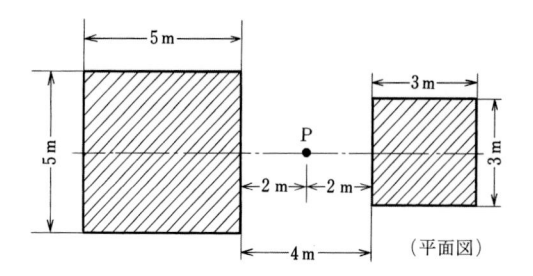

2　図 3・8 において $\sigma_z=100.0\,\mathrm{kN/m^2}$, $\sigma_x=50.0\,\mathrm{kN/m^2}$, $\tau_{xz}=30.0\,\mathrm{kN/m^2}$ のとき，$\alpha=30.0°$ の面における σ_a と τ_a を求めよ．

3　式 (3・7) において，τ_a が最大になる場合の α の傾きを求め，主応力面との傾きとの関係を調べよ．また，この面 (最大せん断応力面と呼ぶ) における σ_a と τ_a を求めよ．

4 右図に示すように，地下水面が深さ 2 m に
ある地盤内で 10 m の深さにある土の要素を
考える．この要素の水平面に $\sigma_v = 160\,\mathrm{kN/m^2}$
の全鉛直応力，鉛直面に $\sigma_h = 140\,\mathrm{kN/m^2}$ の
全水平応力，両面に $\tau = 30\,\mathrm{kN/m^2}$ のせん断
応力が加わっている場合，有効応力で表示し
た最大主応力，最小主応力，主応力面の傾き
を求めよ．

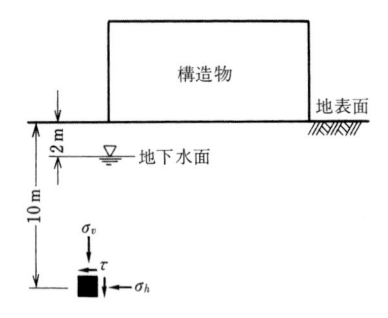

5 下図において，地中点 A における鉛直および水平方向の全応力および有効応力を求
めよ．また，水位が低下していき，地表面下 3 m になった場合の鉛直有効応力を求め
よ．ただし，水位低下前の K_0 は 0.5 と仮定せよ．

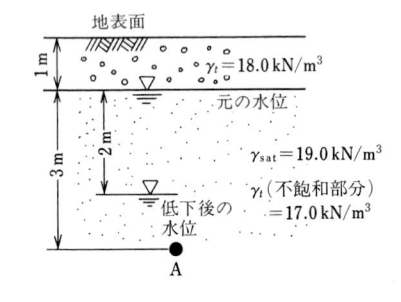

土の圧密

第4章

沈下したピサの斜塔
〈イタリア政府観光局提供〉

　盛土やビルなどの構造物を粘性土地盤上に建設すると，長期間にわたり徐々に土が圧縮され地盤が沈下し続ける現象が生じる．地盤沈下の原因は鉛直荷重の増加であるが，砂地盤では沈下がごく短時間で終了するのに対し，粘性土地盤では長期にわたり沈下が継続する．飽和土の圧縮は，間隙水の排出による体積収縮にほかならないが，透水性の低い粘性土では間隙水の移動は非常にゆっくりと行われる．その結果，粘性土地盤の圧縮は徐々に進行し，終了するまでに長い時間がかかるのである．
　このように，間隙水の排出に伴い徐々に圧縮が進行する現象を圧密と呼ぶ．この章では，粘土の圧密の原理や基本的特性について説明した後，一次元圧密理論の概要を紹介する．また，圧密試験の方法と結果の整理法についても解説を行う．

第4章 土 の 圧 密

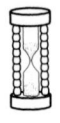

1 粘土の圧縮特性

1 土の圧縮と圧密

　図4・1のように，剛な容器の中に水で飽和した粘土を詰め，上部を水が自由に出入りできる載荷板（ポーラスストーン）で覆い，均一な鉛直応力 $p=p_0$ をかけてみよう．すると，ポーラスストーンを通して水が排出され始め，これに伴って土の体積は次第に減少していく．このように，圧縮応力を受けて土の体積が収縮する現象を圧縮（compression）と呼ぶ．土粒子や間隙水自体の圧縮性は非常に小さいことから，圧縮過程における飽和土の体積収縮は，ほとんど間隙水の排出に起因するとしてよい．

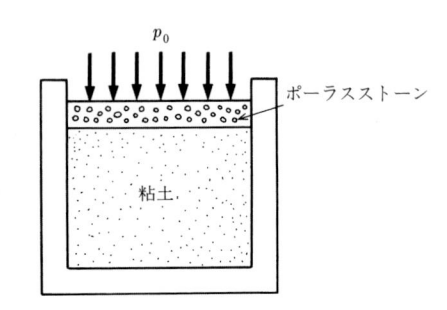

図 4・1　剛な容器内での粘土の圧縮

　粘土の場合，透水係数が小さいことから，間隙水は徐々に排出される．したがって，体積圧縮も一時に生じるのではなく，時間とともに進行していき，最終的にはある値に収束する．このように，時間に依存する圧縮現象を圧密（consolidation）と呼ぶ．これに対し，砂の場合には透水性が高く，短時間に圧縮現象が終了する．そこで，土の圧縮現象を表現するとき，砂では圧縮，粘土では圧密と用語を使い分けることが多い．

　飽和粘土の圧密のメカニズムをわかりやすく説明するために，図4・1のシステムを図4・2のようにモデル化してみる．載荷板はピストン，土の骨格構造はばね，間隙水は水で表現されており，間隙水圧の変化は容器に設置したマノメータで観測できる．間隙水はピストンに開けられた小孔を通じて排出され，透水性の大小はこの孔の大きさにより表現されている．同図において，(a) は荷重がかかっていない初期状態，(b) は鉛直荷重を加えた瞬間，(c) は圧密の進行途上，(d) は圧密が終了した状態に対応している．

　この圧密過程における，鉛直荷重による全応力 p，ばねで受け持たれる有効応力 p'，過剰間隙水圧 u_e，体積ひずみ ε の変化は図4・3に示されている．ここで，過

4・1 粘土の圧縮特性

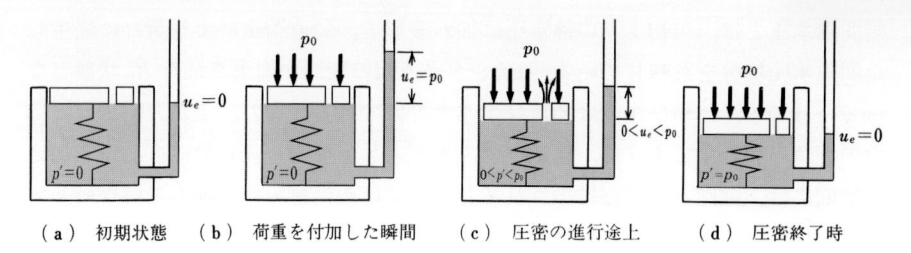

(a) 初期状態　(b) 荷重を付加した瞬間　(c) 圧密の進行途上　(d) 圧密終了時

図 4・2　飽和粘土の圧密メカニズムのモデル

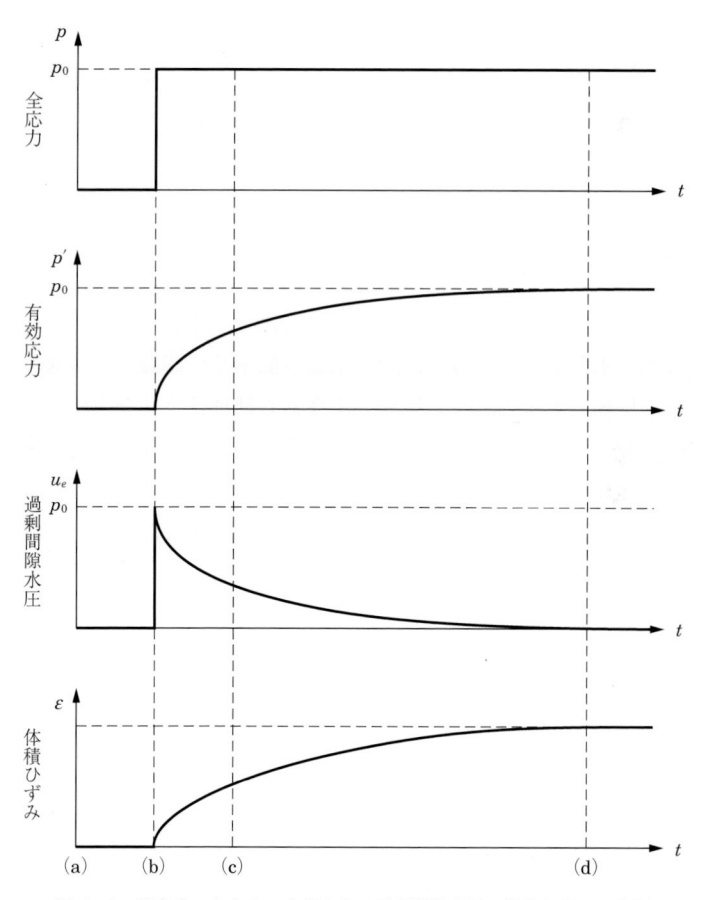

図 4・3　圧密時の全応力，有効応力，過剰間隙水圧，体積ひずみの変化

剰間隙水圧とは，当初よりの静水圧に加わる形で，鉛直荷重により新たに発生した間隙水圧増分を意味している．また，水平方向の変形が拘束された K_0 状態となっているので，体積ひずみは鉛直ひずみと等価である．なお，土質力学では，応力の正負と整合するように，圧縮ひずみを正としている．(b) の鉛直荷重を加えた瞬間には，間隙水はまだ排出されておらず，ばねはまったく縮んでいない．すなわち体積は変わらず，鉛直応力がすべて過剰間隙水圧で受け持たれるので，有効応力もゼロである．その後，間隙水が徐々に排出されるにつれ，次第にばねが縮んで体積が減少し，(c) で示される状態になる．この間，過剰間隙水圧は徐々に低下し，その分をばねで肩代わりするので，有効応力は増加することになる．十分に時間が経過すると，(d) の状態にいたり，ばねは縮みきって鉛直荷重をすべて支え，これに対応して過剰間隙水圧はゼロとなる．この時点で圧密は終了し，体積ひずみはある値に収束する．図 4·3 に示されているように，鉛直荷重により生じた全応力 p は，常に有効応力 p' と過剰間隙水圧 u_e の和に等しく

$$p = p' + u_e \tag{4·1}$$

が成り立つ．上式は，3·4 節で説明した有効応力の原理より導くことができる．

粘性土地盤上に盛土や建物などの構造物を建設したり，あるいは埋立地盤を造成したりすると，鉛直荷重の増加によって圧密沈下が生じる．一方，沖積平野などで大量の地下水をくみ上げると，地下水面が低下して間隙水圧が減少し，それが有効応力の増加となって，圧密現象，すなわち地盤沈下が発生する．粘性土地盤の圧密問題では，どのような速さで沈下が進行するかに加えて，最終的な沈下量がどの程度になるかを知ることが重要である．また，構造物の建造に際しては，不均一な沈下（不同沈下と呼ばれる）により，機能が損なわれないように注意を払う必要がある．

2 粘土の圧縮曲線

前項では，鉛直荷重を一定に保った状態での粘土の圧密挙動について述べた．ここで，図 4·2，4·3 で体積ひずみが収束した (d) の状態から，さらに荷重を増加した場合を考えてみよう．すると，これらの図の(a)から(d)までの過程を再びたどり，最終的に過剰間隙水圧が消散して沈下が収束する．このように段階的に鉛直荷重を増加したとき，各段階の最終的な体積ひずみ ε を求めて応力 p に対してプロットすると，図 4·4 に示すような圧縮曲線が得られる．同図 (a) のように

4・1 粘土の圧縮特性

（a）ε-p 曲線　　　　（b）ε-$\log p$ 曲線

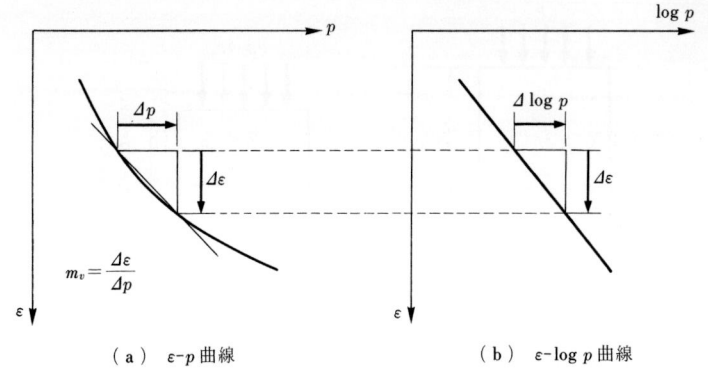

図 4・4　応力-体積ひずみの関係

ε と p をそのままプロットすると曲線状になり，圧力が増加するにつれて傾きは小さくなる．鉛直応力が Δp 変化したときの，体積ひずみの変化を $\Delta \varepsilon$ とすると，曲線の傾きは体積圧縮係数 m_v (coefficient of volume compressibility) に相当し

$$m_v = \frac{\Delta \varepsilon}{\Delta p} \tag{4・2}$$

と表せる．m_v の値は応力が大きくなると減少するが，通常の応力レベルでは，沖積粘土で $10^{-4} \sim 10^{-3}$ m²/kN のオーダ，砂ではこれよりも1オーダ程度小さい値をとる．なお，図4・4(b) のように，横軸に鉛直応力の常用対数をとって体積ひずみをプロットすると，ε-$\log p$ 関係はほぼ直線で表せることが知られている．

圧縮曲線を描く場合，体積ひずみ ε に代わり，間隙比 e を用いることが多い．**図 4・5** は土の体積と間隙比の変化の関係を示しているが，土粒子の占める体積を V_s，間隙比を e とすると，応力が Δp 変化したときの体積ひずみの変化量 $\Delta \varepsilon$ は次式で表せる．

$$\Delta \varepsilon = -\frac{(1+e+\Delta e)V_s - (1+e)V_s}{(1+e)V_s} = -\frac{\Delta e}{1+e} \tag{4・3}$$

なお，体積ひずみが増加する，すなわち $\Delta \varepsilon > 0$ のとき，間隙比は減少するので $\Delta e < 0$ であることに注意を要する．式 (4・3) を用いて，図 4・4 の縦軸を間隙比 e に代えて描き直したものが**図 4・6** である．同図 (a) のように，e と p をそのままプロットすると非線形な関係を示す．この曲線の勾配

$$a_v = -\frac{\Delta e}{\Delta p} \tag{4・4}$$

第4章 土 の 圧 密

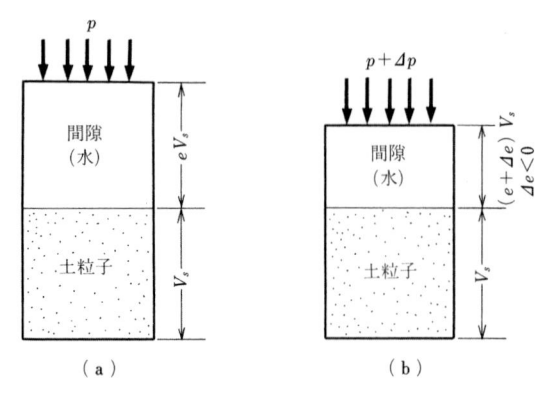

図 4・5 圧縮による土の間隙比変化

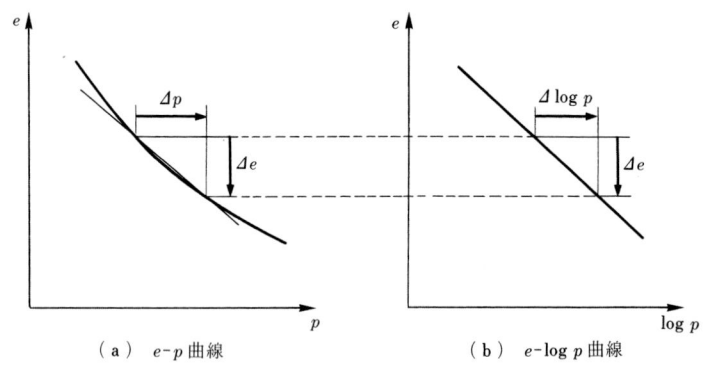

(a) e-p 曲線
(b) e-$\log p$ 曲線

図 4・6 応力-間隙比の関係

を圧縮係数 (coefficient of compressibility) と呼び，a_v の値は鉛直応力 p の増加に従い小さくなる．なお，式 (4・2)～(4・4) より，体積圧縮係数は

$$m_v = -\frac{1}{1+e}\frac{\Delta e}{\Delta p} = \frac{1}{1+e} a_v \tag{4・5}$$

で表せる．

図 4・6(b) は横軸に鉛直応力の常用対数をとり，間隙比の変化を示したもので，e-$\log p$ 関係は図 4・4(b) と同様にほぼ直線で近似できる．この直線の勾配

$$C_c = -\frac{\Delta e}{\Delta (\log p)} = -\frac{\Delta e}{\log(1+\Delta p/p)} \tag{4・6}$$

を圧縮指数 (compression index) と呼ぶ．式 (4・3) に式 (4・6) を代入すると

$$\varDelta \varepsilon = \frac{C_c}{1+e} \varDelta(\log p) = \frac{0.434 C_c}{1+e} \varDelta(\ln p) = \frac{0.434 C_c}{1+e} \frac{\varDelta p}{p} \quad (4 \cdot 7)$$

となるので，鉛直応力が p_1 から p_2 まで変化したときの体積ひずみは，初期間隙比を e_1 とすると

$$\varepsilon = \frac{0.434 C_c}{1+e_1} \int_{p_1}^{p_2} \frac{dp}{p} = \frac{0.434 C_c}{1+e_1} \ln \frac{p_2}{p_1} = \frac{C_c}{1+e_1} \log \frac{p_2}{p_1} \quad (4 \cdot 8)$$

より求められる．

粘土の液性限界は自然状態の間隙比が大きいほど大きく，また圧縮性も同様の傾向を示すことから，液性限界 w_L と圧縮指数 C_c には強い相関性が予測される．テルツァーギ (Terzaghi) とペック (Peck) は，粘土の種類によらず，乱さない試料に対し次の関係式を提案している[1]．

$$C_c = 0.009(w_L - 10) \quad (4 \cdot 9)$$

ここに，w_L はパーセントで表示した値である．**図 4・7** には，わが国の代表的な粘土の w_L-C_c 関係を式 (4・9) とともに示してある[2]．粘土の種類により多少異なるものの，w_L と C_c の関係は式 (4・9) に近い一次式で近似できる．

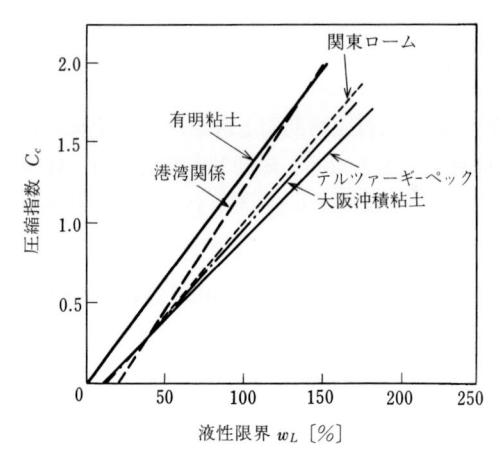

図 4・7 液性限界と圧縮指数の関係[2]
(出典：土質試験の方法と解説，地盤工学会)

3 正規圧密と過圧密

これまでは，鉛直荷重が一方的に増加し，ある時点の応力はそれまでの最大値

を示すような載荷時の粘土の圧密特性を説明してきた．このような載荷を受けているとき，粘土は正規圧密された（normally consolidated）状態にあるという．では，途中で鉛直荷重が減少したり，その後再び増加したような場合には，どのような挙動を示すのであろうか．**図 4·8** はそのような除荷，再載荷を含む過程で観測される e-$\log p$ 曲線を示したものである．鉛直応力を p_A から p_B まで増加した後 p_C まで除荷すると，載荷過程 A → B より勾配の小さな曲線 B → C をたどって粘土は膨張し，その結果，永久ひずみが残る．除荷部の曲線を膨張曲線といい，それを直線で近似したときの勾配を膨張指数 C_s（swell index）と呼ぶ．その後の再載荷過程 C → D では，圧縮曲線は除荷時の経路をほぼ逆にたどり，点 B よりやや間隙比の小さい点 D に至る．さらに過去に受けた最大応力である p_B を超えて載荷を続けると，D → E と圧縮曲線は A → B のほぼ延長上をたどる．

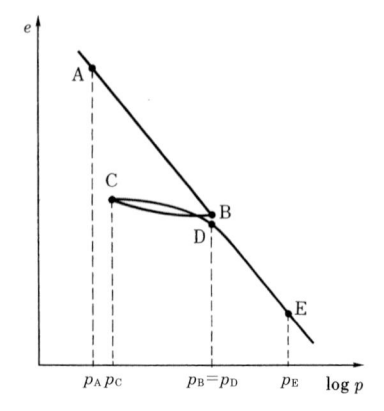

図 4·8 除荷・再載荷を含む圧縮曲線

図 4·8 で A → B → E を正規圧密曲線と呼び，それぞれの粘土ごとに固有の線である．正規圧密曲線上のある点から除荷した場合には，B → C にほぼ平行な線をたどって膨張し，続けて再載荷すれば C → D と同様に膨張時の経路をほぼ逆に進む．膨張時や再載荷時のように，現在よりも大きな圧密応力を過去に受けているとき，粘土は過圧密された（overconsolidated）状態にあるという．その後，過去に受けた最大の圧密応力（これを先行圧密応力と呼ぶ）を超えると，再び正規圧密曲線をたどって圧縮が進行する．

過圧密の程度を表す指標には，**図 4·9** に示すように，先行圧密応力 p_{pre} と現在の応力 p_0 との比

$$\mathrm{OCR} = \frac{p_{\mathrm{pre}}}{p_0} \qquad (4\cdot10)$$

で定義される過圧密比（overconsolidation ratio）を用いる．この定義からわかるように，常に OCR ≧ 1 が成り立ち，正規圧密状態では OCR＝1，過圧密状態では OCR＞1 となり，OCR の値が大きいほど過圧密の程度が大きい．

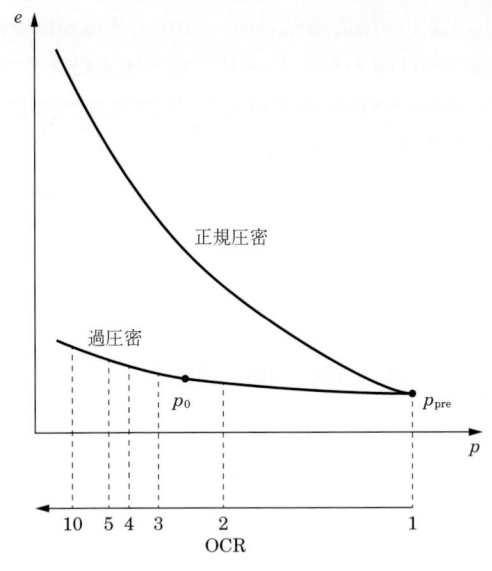

図 4・9　過圧密比の定義

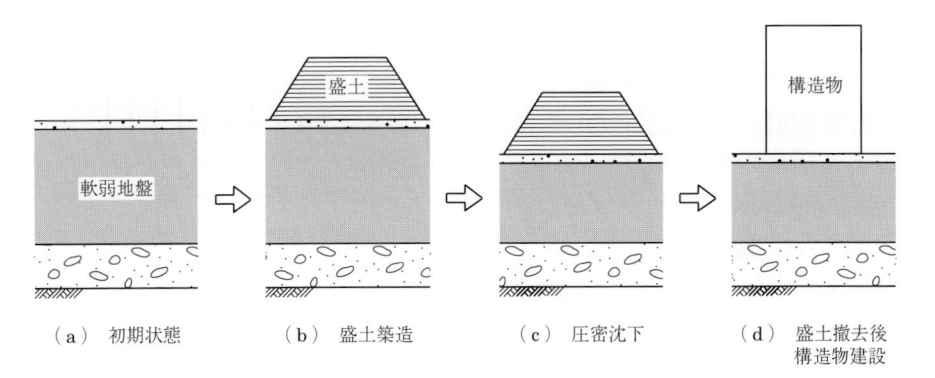

図 4・10　プレロード工法による軟弱地盤の圧密促進

　原位置の地盤においても，正規圧密状態の粘土や過圧密状態の粘土が存在するが，図 4・10 はプレロード工法を例にとって，正規圧密・過圧密状態の生成状況を説明している．プレロード工法とは，同図の (a) に示す軟弱地盤の上に建造物を構築すると大きな沈下が生じたり，地盤が破壊したりするのを防ぐため，(b) のように予め盛土して鉛直荷重を増し，一定期間放置して(c)の状態にまで圧密沈下を進行させた後，盛土を撤去し，(d) に示すように所定の建造物を施工する方法

である．(a) → (b) の盛土の築造過程，(b) → (c) の放置期間では粘土層は正規圧密状態にあり，圧縮曲線は図 4·8 の A → B に相当する経路をたどる．(c) の状態から盛土を撤去する過程では鉛直荷重が減り，圧密曲線は図 4·8 の除荷過程 B → C に相当する経路をたどる．この間粘土層は過圧密状態にあり，(c) における過圧密比は OCR＝p_B/p_C で表せる．その後 (d) の建造物の施工過程では，図 4·8 の C → D に対応する圧縮曲線をたどることになる．

2 圧密理論

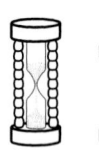

1 テルツァーギの一次元圧密理論

すでに学んだように，飽和粘土の圧縮は間隙水が流出し，その結果，骨格体積が減少することにより生じる．したがって，圧密は単なる圧縮ではなく，透水を伴う現象として取り扱う必要がある．ここでは，一次元の圧密現象を解析的に解いた，テルツァーギの理論の概要を紹介する．

図 4·11 に示すように，無限に続く飽和した水平地盤の地表面に，均一な付加荷重 p_0 を加えた場合を想定してみよう．地下水位は地表面に一致し，粘土層の厚さは $H = 2H_d$ であるとする．なお，上下の砂層は透水性が高く，常に過剰間隙水圧がゼロの静水圧分布を保っている．

図 4·12 は圧密の進行に伴う応力および間隙水圧分布の変化を示している．同図 (a) は載荷前の状態に対応し，粘土層を含めて過剰間隙水圧がゼロの静水圧分布となっている．同図 (b) は鉛直応力 p_0 に相当する荷重を増加した直後に対応し，どの地点でも全応力は p_0 だけ増加している．透水性の高い砂層では過剰間隙水圧は発生せず，付加全応力に相当する p_0 だけ鉛直有効応力が増加している．一方，粘土層では全応力の増分はすべて水圧に転化し，層内のどの点でも $u_e = p_0$ だけ過剰間隙水圧が発生する．同図 (c) は圧

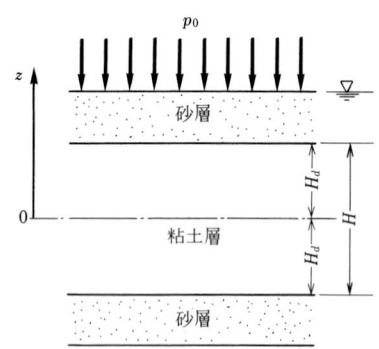

図 4·11 粘土層の一次元圧密

4・2 圧密理論

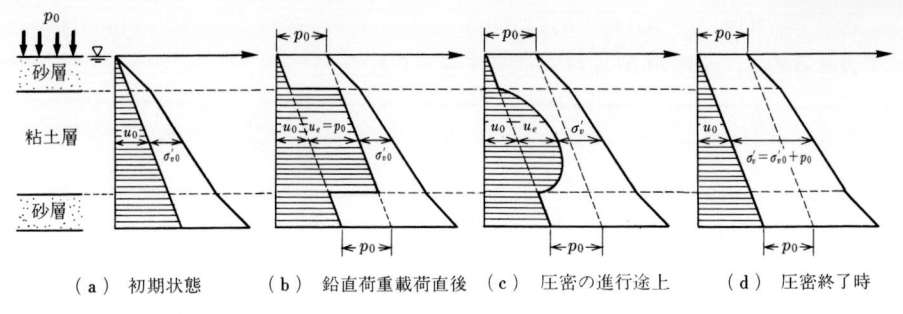

図 4・12 圧密の進行に伴う過剰間隙水圧の消散

 (a) 初期状態　　(b) 鉛直荷重載荷直後　　(c) 圧密の進行途上　　(d) 圧密終了時

密の進行途上に対応し，過剰間隙水圧は粘土層の中央部ほど大きく，上下の砂層との境界面ではゼロである．圧密の進行とともに，過剰間隙水圧は次第に消散し，その分だけ有効応力が増加して，最終的には同図 (d) のように再び静水圧分布に戻る．

無限に続く水平地盤の圧密現象では，地盤は K_0 状態であり，変形と間隙水の移動は鉛直方向のみに生じる．また，水平面内では均一な挙動となるので，一次元の問題として取り扱うことができる．**図 4・13**(a) は，粘土層の中央を原点として鉛直上方が正となるように z 軸をとり，粘土層内の微小要素における，ある時点での間隙水の流れを示している．同図 (b) は粘土層内の間隙水圧の分布を示しており，同図 (c) はこれを全水頭の値で表示しなおしたものである．ある時刻の間隙水圧 $u(z,t)$ は，静水圧 $u_0(z)$ と過剰間隙水圧 $u_e(z,t)$ の和

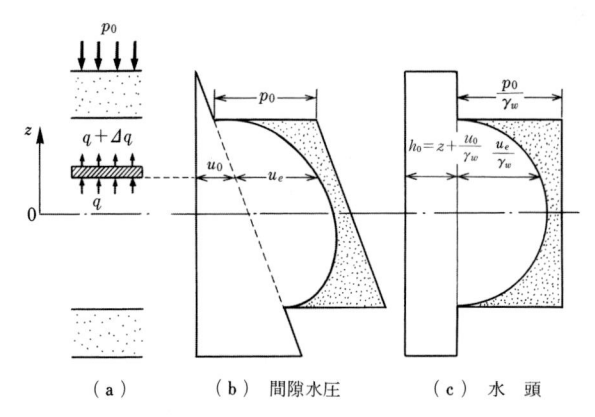

 (a)　　(b) 間隙水圧　　(c) 水　頭

図 4・13 圧密過程における水の流れと間隙水圧分布

$$u(z, t) = u_0(z) + u_e(z, t) \qquad (4 \cdot 11)$$

で表せるので，全水頭 $h(z, t)$ は次式で与えられる．

$$h(z, t) = z + \frac{u(z, t)}{\gamma_w} = z + \frac{u_0(z)}{\gamma_w} + \frac{u_e(z, t)}{\gamma_w} = h_0 + \frac{u_e(z, t)}{\gamma_w} \qquad (4 \cdot 12)$$

ここに，γ_w は水の単位体積重量であり，h_0 は全水頭の初期値を表す定数で，位置水頭 z と静水圧水頭 $u_0(z)/\gamma_w$ の和に相当する．したがって，全水頭の変化は過剰間隙水圧による圧力水頭の変化にほかならない．

図 4・13(a) の微小要素の面積を ΔA とすると，時間 Δt に下方から要素に流入する間隙水の流量 q は，ダルシーの法則 (2・2 節 1 項参照) を用いて次式で表せる．

$$q = v \Delta A \Delta t = k i \Delta A \Delta t \qquad (4 \cdot 13)$$

ここに，k は透水係数，v は流速，i は式 (2・1) で定義される動水勾配である．上式において動水勾配を偏微分の形に書き直し，さらに式 (4・12) を代入すると

$$q = -k \frac{\partial h}{\partial z} \Delta A \Delta t = -\frac{k}{\gamma_w} \frac{\partial u_e}{\partial z} \Delta A \Delta t \qquad (4 \cdot 14)$$

により，微小要素への下方からの流入量が求められる．この間，要素の上面からは

$$q + \Delta q = q + \frac{\partial q}{\partial z} \Delta z = -\frac{1}{\gamma_w} \left\{ k \frac{\partial u_e}{\partial z} + \frac{1}{\partial z} \left(k \frac{\partial u_e}{\partial z} \right) \Delta z \right\} \Delta A \Delta t \qquad (4 \cdot 15)$$

だけ間隙水が流出するので，時間 Δt に微小要素から排出される間隙水の量 Δq は両者の差として

$$\Delta q = -\frac{1}{\gamma_w} \frac{1}{\partial z} \left(k \frac{\partial u_e}{\partial z} \right) \Delta z \Delta A \Delta t \qquad (4 \cdot 16)$$

で表せる．一方，時間 Δt に生じる微小要素の体積圧縮量 $-\Delta V$ (ΔV は膨張のとき正) は，鉛直圧縮ひずみを ε，間隙比を e とすると，式 (4・3) より

$$-\Delta V = \frac{\partial \varepsilon}{\partial t} \Delta t \Delta z \Delta A = -\frac{1}{1+e} \frac{\partial e}{\partial t} \Delta z \Delta A \Delta t \qquad (4 \cdot 17)$$

と書ける．4・1 節 1 項で述べたように，体積圧縮量 $-\Delta V$ は間隙水の排出量 Δq に等しいので，上の 2 式より一次元圧密の基本方程式

$$\frac{1}{\gamma_w} \frac{1}{\partial z} \left(k \frac{\partial u_e}{\partial z} \right) = -\frac{\partial \varepsilon}{\partial t} = \frac{1}{1+e} \frac{\partial e}{\partial t} \qquad (4 \cdot 18)$$

が導ける．

　ここで，過剰間隙水圧 u_e を独立変数として，式を変形してみよう．上載荷重が一定のとき，過剰間隙水圧の減少量は鉛直有効応力の増加量に等しい，すなわち $\Delta u_e = -\Delta \sigma_v'$ であるから，式 (4·2) および式 (4·5) より

$$\Delta u_e = -\Delta \sigma_v' = -\frac{\Delta \varepsilon}{m_v} = \frac{1}{m_v}\frac{\Delta e}{1+e} \tag{4·19}$$

と表せる．したがって，m_v を一定と仮定し，時間で偏微分すると

$$\frac{\partial u_e}{\partial t} = \frac{1}{m_v}\frac{1}{1+e}\frac{\partial e}{\partial t} \tag{4·20}$$

が得られ，これを式 (4·18) に代入すると

$$\frac{\partial u_e}{\partial t} = \frac{1}{m_v \gamma_w}\frac{\partial}{\partial z}\left(k\frac{\partial u_e}{\partial z}\right) \tag{4·21}$$

が導ける．ここで，透水係数が深度によらず一定であると仮定すると

$$\frac{\partial u_e}{\partial t} = c_v \frac{\partial^2 u_e}{\partial z^2} \tag{4·22}$$

$$c_v = \frac{k}{m_v \gamma_w} \tag{4·23}$$

となる．これがテルツァーギの圧密方程式であり，c_v を圧密係数 (coefficient of consolidation) という．なお，式 (4·22) は熱伝導方程式と同形の偏微分方程式である．

　一方，圧縮ひずみ ε を独立変数とした場合には，式 (4·19) を z で偏微分して得られる

$$\frac{\partial u_e}{\partial z} = -\frac{1}{m_v}\frac{\partial \varepsilon}{\partial z} \tag{4·24}$$

を式 (4·18) に代入すると

$$\frac{\partial \varepsilon}{\partial t} = \frac{1}{\gamma_w}\frac{\partial}{\partial z}\left(\frac{k}{m_v}\frac{\partial \varepsilon}{\partial z}\right) \tag{4·25}$$

が導ける．一般に深度が増すと k と m_v はともに減少するが，k/m_v の値が深度によらず一定とみなせるならば

$$\frac{\partial \varepsilon}{\partial t} = \bar{c}_v \frac{\partial^2 \varepsilon}{\partial z^2} \tag{4·26}$$

が導ける．これが三笠の圧密方程式である[3]．式を導く際に設けた仮定を比較すると，テルツァーギの理論よりも三笠の理論のほうがより厳密であると考えられる．

2 圧密方程式の解

テルツァーギの圧密方程式 (4·22) を，図 4·11 に示した厚さ $H=2H_d$ の粘土層について解いてみよう．圧密係数 c_v は深さによらず一定としているので，粘土層内の間隙水は中央（$z=0$）を境に，上下の砂層に向かって対称的に排出され（これを両面排水状態という），過剰間隙水圧の分布も上下対称となる．したがって，粘土層の上半分，厚さ H_d の部分について考えればよいことになる．式 (4·22) は t に関して1階，z に関して2階の偏微分方程式なので，解を得るためには1個の初期条件と2個の境界条件が必要となる．過剰間隙水圧を $u_e(z, t)$ と表すと，初期条件はすべての位置で過剰間隙水圧が付加荷重 p_0 に等しい，すなわち

$$u_e(z, 0) = p_0 \tag{4·27}$$

で与えられる．一方，境界条件は，砂層との境界面（$z=H_d$）で u_e が常にゼロであることと，粘土層中央（$z=0$）で動水勾配がゼロであること（式 (4·14) 参照）から，次の2式で規定できる．

$$u_e(H_d, t) = 0 \tag{4·28}$$

$$\frac{\partial}{\partial z} u_e(0, t) = 0 \tag{4·29}$$

式 (4·28) の成り立つ面では，拘束なしに排水が行われることから，これを排水境界という．ダルシーの法則によれば，式 (4·29) は間隙水の流れがないことを意味するので，これが成り立つ面を非排水境界あるいは不透水境界という．

式 (4·28)，(4·29) の境界条件は，上の境界面で透水性の砂層に，下の境界面で不透水性の岩盤に接する，すなわち片面排水状態の，厚さ $H=H_d$ の粘土層にもそのまま適用できる．排水境界から非排水境界までの距離 H_d を排水距離と呼び，粘土層の厚さを H とすると，両面排水状態では $H_d=H/2$，片面排水状態では $H_d=H$ である．

ここで，次式で定義される無次元化量

$$Z = \frac{z}{H_d} \qquad T = \frac{c_v t}{H_d^2} \tag{4·30}$$

を導入すると，式 (4·22) は次のように変換できる．

$$\frac{\partial u_e}{\partial T} = \frac{\partial^2 u_e}{\partial Z^2} \tag{4·31}$$

ここに，T を時間係数 (time factor) と呼ぶ．変数分離法を適用し，式 (4·27)〜

(4·29) の初期条件と境界条件のもとに上式を解くと，フーリエ級数による解

$$u_e(Z, T) = \frac{4p_0}{\pi} \sum_{n=0}^{\infty} \frac{(-1)^n}{2n+1} \exp\left\{-\left(\frac{2n+1}{2}\pi\right)^2 T\right\} \cos\left(\frac{2n+1}{2}\pi Z\right) \quad (4\cdot32)$$

が得られる．この値を鉛直全応力の増分 p_0 で正規化し，過剰間隙水圧分布の時間変化を示したものが図 4·14 である．同図の曲線は時間係数をパラメータとして描かれており，等時曲線（アイソクローン）と呼ばれる．

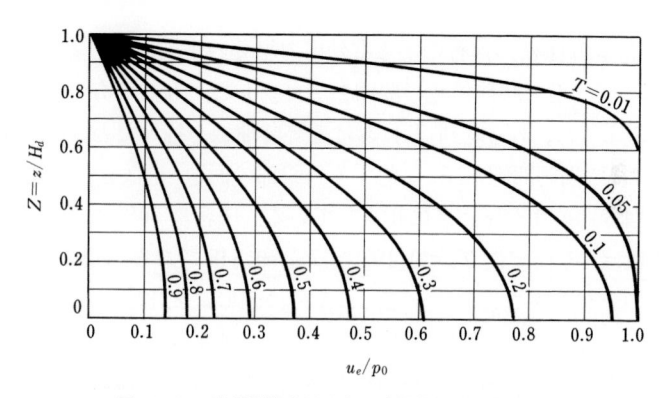

図 4·14 過剰間隙水圧分布の時間変化（等時曲線）

有効鉛直応力の増分は $\Delta\sigma'_v = p_0 - u_e$ であるので，式 (4·2) に式 (4·32) を代入して積分すると，粘土層全体での圧縮量，すなわち地表面の沈下量 S が時間係数の関数として，

$$S = 2\int_0^{H_d} \varepsilon dz = 2\int_0^{H_d} m_v(p_0 - u_e)\, dz$$

$$= m_v p_0 H \left[1 - \frac{8}{\pi^2}\sum_{n=0}^{\infty}\frac{1}{(2n+1)^2}\exp\left\{-\left(\frac{2n+1}{2}\pi\right)^2 T\right\}\right] \quad (4\cdot33)$$

により算定できる．圧密完了時 $t=\infty$（$T=\infty$）の沈下量を最終沈下量 S_f といい，

$$S_f = m_v p_0 H \quad (4\cdot34)$$

で与えられる．ある時点の沈下量 S と最終沈下量 S_f の比

$$U(T) = \frac{S}{S_f} \quad (4\cdot35)$$

を圧密度（degree of consolidation）といい，圧密がどの程度進行しているかを

示す指標である．ところで，式 (4・32) を用いると，粘土層内の過剰間隙水圧の平均値 u_m は

$$u_m = \frac{1}{H_d}\int_0^{H_d} u_e dz = \frac{8p_0}{\pi^2}\sum_{n=0}^{\infty}\frac{1}{(2n+1)^2}\exp\left\{-\left(\frac{2n+1}{2}\pi\right)^2 T\right\}$$

$$= p_0\left(1-\frac{S}{m_v p_0 H}\right) = p_0\left(1-\frac{S}{S_f}\right) = p_0\{1-U(T)\} \qquad (4\cdot36)$$

で表せる．したがって，圧密度は次式のようにも書ける．

$$U(T) = 1-\frac{u_m}{p_0} = \frac{\Delta\sigma'_{vm}}{p_0} \qquad (4\cdot37)$$

ここに，$\Delta\sigma'_{vm}$ は圧密の進行による有効応力増分の平均値である．

図 4・15 は，圧密度と時間係数の関係をプロットしたものである．同図に模式的に示しているように，ある時刻 T における等時曲線を描いたとき，四角形全体の面積（載荷直後の過剰間隙水圧）に対する斜線部の面積（消散した過剰間隙水圧＝有効応力の増分）の比が圧密度に相当している．圧密度 50％ および 90％ に対応する時間係数は，それぞれ $T_{50}=0.197$ と $T_{90}=0.848$ である．同図の圧密度は，初期間隙水圧の分布が深さ方向に一定，あるいは線形に変化する場合に対して求められたもので，このほかの間隙水圧分布では値が異なってくる．なお，式 (4・32) にラプラス変換を適用すると，T の小さい領域での圧密度の近似式

$$U(T) = 2\sqrt{\frac{T}{\pi}} \quad (T<0.3) \qquad (4\cdot38)$$

が得られる．$T<0.3$ の領域では，この式の誤差は 1％ 以下である．

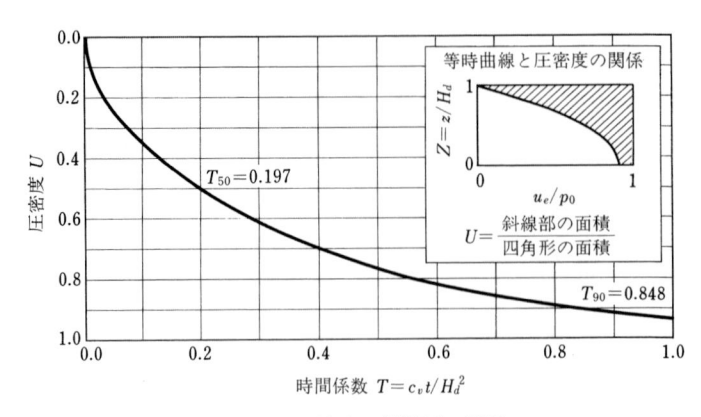

図 4・15 圧密度と時間係数の関係

一次元圧密理論の展開にあたっては，多くの仮定を設けており，原地盤の圧密現象とは異なる面も多い．まず，広域な埋立てなどを除けば，載荷区域が限定されているのが普通であり，必然的に三次元的な変形を生じることになる．また，テルツァーギの式では k や m_v が深さ方向に一定であることを仮定しているが，一般にこれらの値は深度とともに増加する．したがって，k と m_v より導かれる圧密係数 c_v が一定とみなせたとしても，式の適用に問題が生ずるケースもある．

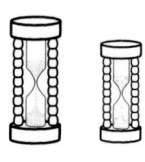

3　圧密試験

1　圧密試験法

土の圧密特性を調べるためには，図 4·16 に示すような圧密試験装置（オエドメータ）を用いるのが一般的である．内径 6 cm，高さ 2 cm のリングの中に土の供試体をセットし，この上下を透水性のポーラスストーンではさみ，鉛直荷重をかけて沈下量を計測する．通常の圧密試験は，図 4·17(a) に示すように，10，20，40，80 kN/m²，……と，1 日ごとに鉛直応力を倍増させながら載荷を行う．なお，10 kN/m² は 2 階建て木造住宅，100 kN/m² は 4〜5 m 程度の盛土，1000 kN/m² は 50 m 程度のロックフィルダムにより生ずる鉛直応力増分にそれぞれ相当する．

4·2 節では，時間係数 $T = c_v t / H_d^2$ を用いれば圧密度 $U(T)$ により，時間-沈下曲線を正規化して表示できることを学んだ．したがって，ある圧密度に至るまで

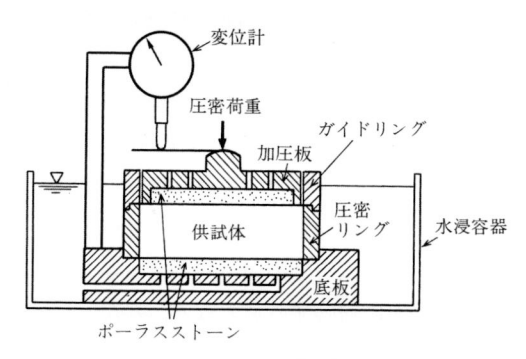

図 4·16　圧密試験装置[2]
(出典：地盤材料試験の方法と解説，地盤工学会)

(a) 時間-間隙比関係

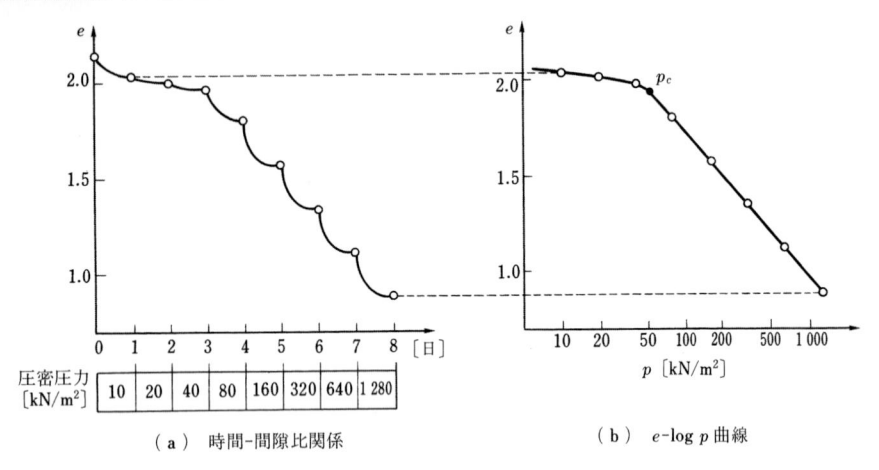

(b) $e\text{-}\log p$ 曲線

図 4・17　圧密試験の結果

の時間は，c_v が同一であれば排水距離 H_d の2乗に比例し，例えば，排水距離1cmの圧密供試体での載荷時間1日は，排水距離1mの原地盤では1万日，すなわち約27年に相当することになる．圧密試験の供試体の厚さと載荷時間は，このような関係を考慮して選定されたものである．

　原位置で採取した乱さない試料の圧密試験を行い，図4・17(a) の各載荷段階の終了時における間隙比を鉛直応力に対してプロットすると，同図 (b) のような圧縮曲線が得られる．この圧縮曲線は，原位置で粘土が正規圧密状態にあったか，あるいは過圧密状態にあったかにかかわらず，過圧密状態の粘土を再載荷した場合（図4・8参照）と似た曲線形状を示す．図4・17(b) で曲線が急に折れ曲がり，過圧密に対応する状態から正規圧密状態に変わる点の応力を，圧密降伏応力 p_c (consolidation yield stress) と呼ぶ．原位置で正規圧密状態にあった粘土の場合には，試料採取に伴う応力解放により，見かけ上過圧密粘土のような挙動を示す．一方，原位置で過圧密状態にあった粘土の場合には，原地盤での除荷の効果に，試料採取による応力解放の影響が加わった形となっている．したがって，圧密降伏応力は，前者では実地盤の鉛直有効応力に対応する値となり，後者では実地盤で過去に受けた先行圧密応力に対応する値となる．ただし，サンプリング時に試料が乱されると，圧縮曲線の傾きはなだらかになり，圧密降伏応力も明確に定められなくなることが多い．

2 圧密係数の決定法

圧密試験の各載荷段階で計測された時間-沈下曲線から，圧密係数 c_v を求めるには $\sqrt{t}$ 法と $\log t$ 法がよく用いられる．ここでは，より一般的な $\sqrt{t}$ 法の原理のみを紹介する．

$\sqrt{t}$ 法は，$U(T) < 50\%$ の領域で式 (4・38) の関係が成り立つ，すなわち沈下量が時間の平方根に比例することを利用した方法である．図 4・18 に示した，沈下計測用のダイヤルゲージの読み d と $\sqrt{t}$ のプロットに対して $\sqrt{t}$ 法を適用してみよう．まず，初期直線部に一致するように直線を引く．この直線と縦軸の交点 A のダイヤルゲージの読みを初期値 d_0 として，ここを基準に沈下量を算定する．次に，縦軸上の任意の点 B より横軸に平行な線を引き，この線と初期直線との交点 C を求める．直線 BC の延長上に，BD = 1.15 BC となる点 D をとり，A と D を結ぶ直線を引く．すると，直線 AD が沈下曲線と交わる点 E が理論圧密度 90% に対応し，この点の座標値として d_{90} および t_{90} が求められる．供試体の高さを H とす

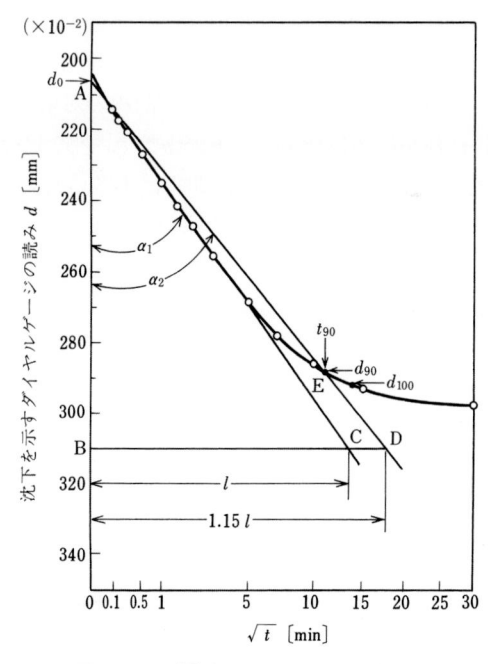

図 4・18 $\sqrt{t}$ 法による d_{90}, t_{90} の求め方

ると，圧密係数 c_v は式 (4・30) を利用し

$$c_v = \frac{T_{90}}{t_{90}} H_d^2 = \frac{0.848}{t_{90}} \left(\frac{H}{2}\right)^2 \tag{4・39}$$

により求められる．また，100％圧密に対応する最終沈下量 S_f は次式で算定できる．

$$S_f = d_{100} - d_0 = \frac{10}{9}(d_{90} - d_0) \tag{4・40}$$

粘土の圧密係数 c_v は，圧密応力によらずほぼ一定の値をとる．また，通常の粘土地盤の c_v の値は $10\sim10^3\,\mathrm{cm^2/d}$ のオーダである．式 (4・23) の定義にみられるように，c_v は体積圧縮係数 m_v と透水係数 k の関数であるが，透水係数により強く依存している．

式 (4・40) の d_{100} は，圧密理論により予測される沈下の収束値にあたるが，図 4・18 にもみられるように，圧密試験ではこの値を超えてさらに沈下が進行する．一次元圧密理論で対象としているのは，過剰間隙水圧の消散に伴う体積圧縮であり，これを一次圧密（primary consolidation）といい，一次圧密が完了した後も進行する沈下を二次圧縮（secondary compression）と呼ぶ．二次圧縮はクリープ的な性質を有し，図 4・19 に示すようにほぼ $\log t$ に比例して圧縮が進行する．

各載荷段階における体積圧縮係数 m_v は，圧縮曲線の対応する区間の傾きから算定できる．さらに，体積圧縮係数 m_v と圧密係数 c_v を式 (4・23) に代入すれば，透水係数 k が求められる．粘土の透水係数は非常に小さいため，2・2 節 2 項で述べた透水試験によらず圧密試験から求めるのが一般的である．

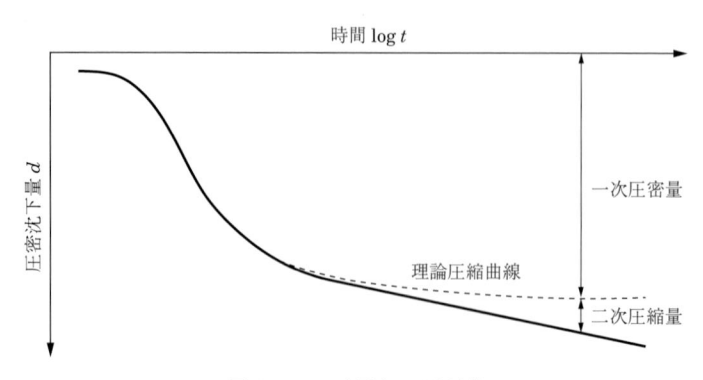

図 4・19　一次圧密と二次圧縮

圧密試験の結果より，原地盤の最終沈下量を予測するには，図 4·17(b) の圧縮曲線より圧縮指数 C_c を求め，式 (4·8) を適用すればよい．この式は，正規圧密の応力域に適用されるものであるが，通常は過圧密の応力域での体積ひずみは無視できる．より正確に求めるのであれば，過圧密の応力域に対しては，式 (4·8) で C_c の代わりに膨張指数 C_s を用いて体積ひずみを算定すればよい．

◆ ま と め ◆

この章では，圧縮力を受けたときの粘土の変形特性について述べた．

① 圧縮応力を受けて土の体積が減少する現象を圧縮という．飽和土の体積圧縮は，ほとんど間隙水の排出による．粘土の場合，間隙水は徐々に排出され，圧縮は時間とともに進行する．このように，時間に依存する圧縮現象を圧密という．この間，載荷により生じた過剰間隙水圧は徐々に消散し，有効応力に置き代わっていく．

② 粘土が現在受けている圧密応力が，それまでの最大値に等しいとき，正規圧密された状態にあるという．これに対し，現在よりも過去に受けた圧密応力のほうが大きいとき，過圧密された状態という．これまでに受けた圧密応力の最大値，すなわち先行圧密応力 p_{pre} と現在の圧密応力 p_0 の比，OCR $= p_{pre}/p_0$ を過圧密比と呼ぶ．正規圧密土は OCR $=1.0$ であり，過圧密土は OCR >1.0 である．

③ 正規圧密状態での e-$\log p$ 曲線はほぼ直線で近似でき，この傾き C_c を圧縮指数という．

④ 圧密時の間隙水の排出量が体積収縮量に等しいという条件から，一次元圧密に関する 2 階の偏微分方程式

$$\frac{\partial u_e}{\partial t} = c_v \frac{\partial^2 u_e}{\partial z^2} \qquad c_v = \frac{k}{m_v \gamma_w}$$

が導ける．これをテルツァーギの圧密方程式という．ここに，u_e は過剰間隙水圧，c_v は圧密係数，m_v は体積圧縮係数，k は透水係数，γ_w は水の単位体積重量である．

⑤ ある時点での沈下量 S と最終沈下量 S_f の比，$U(T) = S/S_f$ を圧密度という．初期間隙水圧分布が与えられれば，時間係数

$$T = \frac{c_v t}{H_d^2}$$

により圧密度は一義的に定まる．ここに，t は時間，H_d は排水距離である．

⑥ ある圧密度に至るのに要する時間は，H_d^2/c_v すなわち $H_d^2 m_v/k$ に比例する．

⑦ 圧密応力が p_1 から p_2 まで変化したときの，厚さ H の地盤の最終沈下量 S_f は
$$S_f = m_v(p_2-p_1)H$$
$$S_f = \frac{C_c H}{1+e_1}\log\frac{p_2}{p_1}$$
により算定できる．ここに，e_1 は初期間隙比である．

演習問題

1. 上下を透水性の砂層ではさまれた，厚さ 6m の粘土層がある．この粘土層より採取した試料の圧密試験を行ったところ，圧密係数 $c_v=72.0\text{cm}^2/\text{d}$，圧縮係数 $a_v=3.20\times10^{-4}\text{m}^2/\text{kN}$，間隙比 $e=1.88$ であった．この粘土の透水係数を求めよ．また，この地盤上に 200kN/m^2 の荷重を加えたとき，粘土層の最終沈下量と 90% 圧密に要する時間を求めよ．

2. 厚さ 5m の砂層の下に厚さ 2m の飽和した粘土層がある．地表から 1m のところにあった地下水面が，地下水のくみ上げのため 3m 低下した．この粘土層の圧密沈下量を求めよ．ただし，粘土は土粒子密度 $\rho_s=2.65\text{t/m}^3$，含水比 $w=95.0\%$，圧縮指数 $C_c=0.800$ で，砂は地下水面より上で $\rho_t=1.75\text{t/m}^3$，地下水面より下で $\rho_t=2.00\text{t/m}^3$ である．

3. 上面で透水性の砂層，底面で不透水性の岩盤に接している，厚さ 10m の飽和粘土層がある．この地盤上に大きなタンクを建造し，1年後に計測したところ，沈下量は 20cm であり，粘土層内の過剰間隙水圧は右図に示す分布をしていた．タンクによる荷重は，圧密圧力 100kN/m^2 を瞬時に加えたと考えてよいとして，最終沈下量と，90% 圧密に要する時間を算定せよ（ヒント：図より圧密度を概算する）．

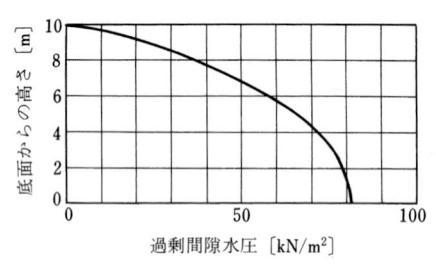

4. 厚さ 15m で，上面で砂層，底面で不透水性の岩盤に接している粘土層がある．この粘土層より採取した厚さ 2.00cm の不撹乱試料について圧密試験を行ったところ，50% 圧密に至るまでに要した時間は 1分 12秒であった．原地盤で 50% および 90% 圧密に至るまでにかかる時間をそれぞれ求めよ．

土の強さ

第5章

三軸試験装置

　第3章で述べたように，地表面に構造物を築くと，地盤内に応力が発生する．この応力が大きくなると，地盤の変形は増大していき，ついには破壊が起こるようになる．地盤の破壊はほとんどの場合，地盤内のある面でせん断応力が大きくなり，限界値を超えることにより発生するせん断破壊である．土のせん断強さは，次章以降で取り上げる土圧，支持力，斜面安定などの問題を考える際に，不可欠なパラメータである．この章では，せん断応力を受ける土の強度と変形特性について，主に三軸圧縮試験で観察される挙動に基づき説明を行う．静的な荷重を受ける土のせん断挙動が中心となるが，地震時の飽和砂質地盤の液状化現象についても，手短に解説する．

第5章 土の強さ

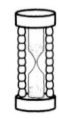

1 土のせん断

1 土のせん断強さ

図 5·1 は，軟弱地盤上に造成した盛土のすべり破壊を模式的に示している．同図のすべり面に沿った土の要素の応力状態は，図 5·2 に示した一面せん断試験により再現することができる．一面せん断試験では，一定の鉛直荷重のもと，せん断箱の上部を押して水平に変位させると，図 5·3(a) のようなせん断応力と変位の関係が得られる．同図は異なる直応力 σ のもとでの，せん断応力 τ と変位 D の関係を示しているが，せん断応力はいずれの場合にもある時点で最大値に達した後，減少する傾向を示す．せん断応力の最大値をせん断強さ（shear strength）τ_f といい，同図にみられるように，直応力が大きいほど大きな値を示す．

図 5·3(a) における破壊時のせん断応力 τ_f を，横軸に直応力をとりプロットしたものが同図 (b) である．同図のように，両者の間には

$$\tau_f = c + \sigma_f \tan\phi \tag{5·1}$$

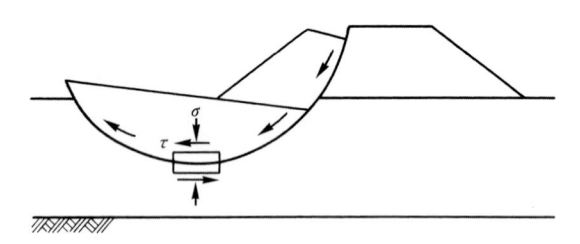

図 5·1 軟弱地盤上の盛土のすべり破壊

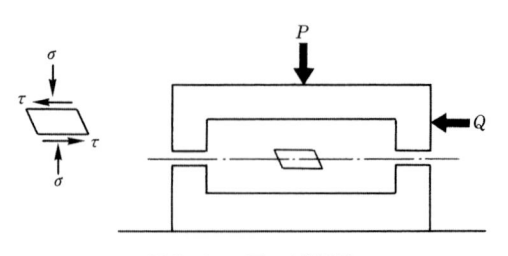

図 5·2 一面せん断試験

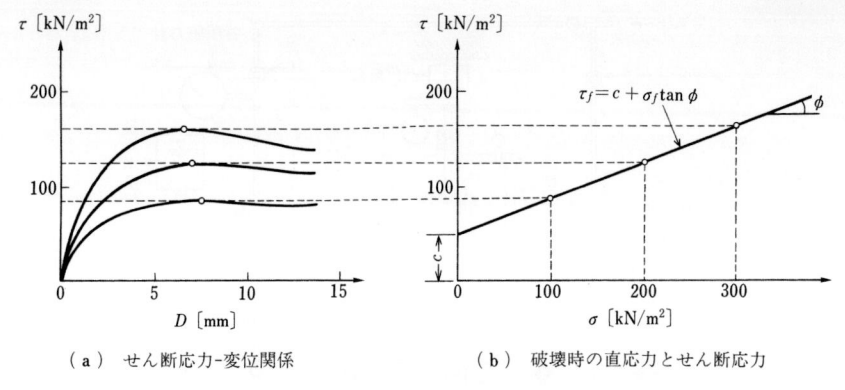

図 5・3　一面せん断試験の結果

(a) せん断応力-変位関係　　(b) 破壊時の直応力とせん断応力

の関係が近似的に成り立つことが知られている．ここに，σ_f と τ_f はそれぞれ破壊面上の破壊時の直応力とせん断応力に対応している．また，この直線（破壊線）の $\sigma=0$ における切片 c を粘着力（cohesion），傾斜角 ϕ をせん断抵抗角（angle of shearing resistance）または内部摩擦角（angle of internal friction）といい，両者を合わせて強度定数と呼ぶ．式 (5・1) の関係はクーロン（Coulomb）により見いだされたもので，クーロンの破壊規準と呼ばれる．

式 (5・1) の右辺の第 2 項は，破壊面で発揮されるせん断強さ τ_f が，直応力に依存すること，すなわち摩擦性の成分を含んでいることを意味している．これが土の強度の最も特徴的な点であり，金属材料では $\phi=0$ と，せん断強さが直応力によらず一定であるのとは対照的である．一方，粘着力 c は土の粒子同士を結合させている力に起因するもので，応力状態とは無関係な定数である．したがって，乾燥砂のように拘束力がないとばらばらになる土では，$c=0$ と粘着力成分がない．また，粘着力を有する粘性土にしても，その値はごく小さいので，土では引張りに対する抵抗力を考慮しないのが通例である．

2　三軸圧縮試験

土のせん断特性を詳しく調べるためには，三軸圧縮試験を行うのが一般的である．図 5・4 は三軸試験装置の概要を示している．ゴム膜で包みセル室内にセットした円柱形の供試体に，水圧（セル圧と呼ぶ）で等方的な応力を加え，載荷ロッドで軸荷重（鉛直荷重）を加える構造となっている．通常は供試体を飽和させた

第5章 土の強さ

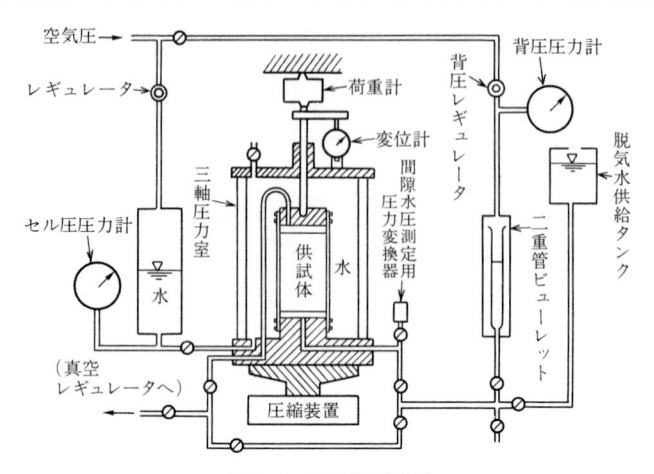

図 5・4 三軸試験装置[1]
(出典：地盤材料試験の方法と解説，地盤工学会)

状態で試験を行い，供試体からの間隙水の流出入量をビューレットで計測して体積変化を算定する．また，軸変位はダイヤルゲージで，軸荷重はロードセルで計測する．したがって，主応力方向にあたる鉛直方向と水平方向の応力とひずみ成分のうち，軸圧（鉛直応力）σ_a，軸ひずみ（鉛直ひずみ）ε_a，側圧（水平応力）σ_r の 3 成分は直接算定することができる．通常の装置では，側方ひずみ（水平ひずみ）ε_r は直接計測できないが，飽和土の場合には，体積ひずみ ε_v が既知なので

$$\varepsilon_a + 2\varepsilon_r = \varepsilon_v \tag{5・2}$$

の関係より，間接的に求めることができる．

図5・5 は，三軸圧縮試験における供試体の応力状態を示している．通常の三軸

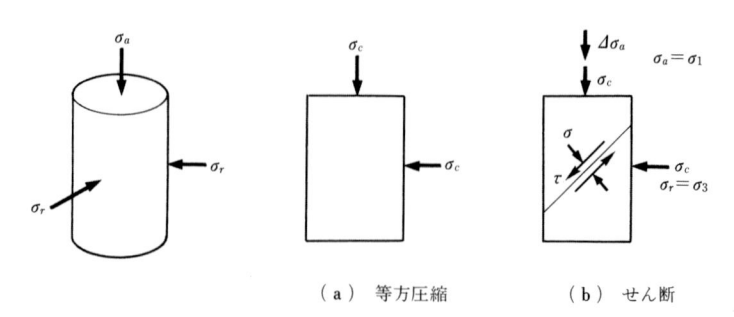

(a) 等方圧縮　　(b) せん断

図 5・5 三軸圧縮試験の応力状態

圧縮試験では，まず同図 (a) のように $\sigma_a = \sigma_r = \sigma_c$ の状態で供試体を圧縮する。この過程を等方圧縮といい，粘土の場合には等方圧密とも呼ぶ。等方圧縮による変形が収束した後，側圧（セル圧）を一定値 $\sigma_r = \sigma_c$ に保った状態で，軸方向に圧縮変形を与えてせん断を行うと，同図 (b) のように軸圧が増加していく。このとき，軸圧 $\sigma_a = \sigma_c + \Delta\sigma_a$ は最大主応力 σ_1，側圧 $\sigma_r = \sigma_c$ は最小主応力 σ_3 となっている。3・3 節で述べたように，軸圧と側圧が異なれば，水平面と鉛直面を除いた傾斜面にはせん断応力が発生し，これが限度に達すると破壊が生じる。この意味で，三軸圧縮試験はせん断試験といえるのである。

　図 5・6(a) では，3 種の異なる側圧のもとに実施した三軸圧縮試験の応力-ひずみ関係を，最大せん断応力 q と軸ひずみ ε_a のプロットにより比較している。側圧が大きいほど，破壊時の最大せん断応力 q_f の値が大きくなる点など，図 5・3(a) の一面せん断試験結果と似た特性を示す。図 5・6(b) は，破壊時の最大主応力 σ_{1f} と最小主応力 σ_{3f} に基づいて描いたモール円を示している。側圧を変えて多数の試験を行い，破壊時のモール円を描くと，これらを包絡する線が

$$\tau = f(\sigma) \tag{5・3}$$

の形で規定できる。この曲線は供試体に生じ得る応力状態の限界，すなわち破壊時の破壊面の応力を示しており，モールの破壊包絡線と呼ばれる。また，このような形で規定される破壊規準をモールの破壊規準という。低圧から高圧までの広い応力範囲を考えると，土の破壊包絡線は上にやや凸な曲線となる。しかし，通常の問題で対象とするような応力レベルでは，破壊包絡線は図 5・6(b) に示すように直線で近似でき，次式で表せる。

（a）　q-ε_a 関係　　　　（b）　モール-クーロンの破壊規準

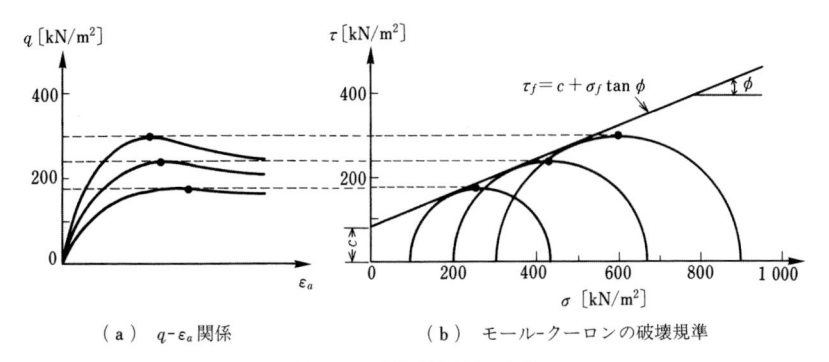

図 5・6　三軸圧縮試験の結果

$$\tau_f = c + \sigma_f \tan \phi \tag{5・4}$$

これは式 (5・1) とまったく同形のものであり,両者を合わせてモール-クーロンの破壊規準という.

三軸圧縮試験の破壊時の応力状態について,図 5・7 により詳しく検討してみよう.同図 (a) において,破壊時のモール円の中心を C,モール円と破壊包絡線の接点を D とすると,半径 CD,粘着力成分 c,および原点よりモール円の中心までの距離 OC の幾何学的関係より

$$\frac{\sigma_{1f} - \sigma_{3f}}{2} = c \cos \phi + \frac{\sigma_{1f} + \sigma_{3f}}{2} \sin \phi \tag{5・5}$$

が導ける.これは,モール-クーロンの破壊規準を主応力で表示した式である.同図 (b) のように,水平面から α_f 傾いた面で破壊が生じたとすると,この面の応力状態は同図 (a) において点 D で表示されるはずである.モール円の性質から水平軸と CD のなす角は $2\alpha_f$ となるので,次式の関係が得られる.

$$\alpha_f = \frac{\pi}{4} + \frac{\phi}{2} \tag{5・6}$$

この式は,破壊面の角度がせん断抵抗角により一義的に規定されることを意味している.

ところで,三軸圧縮試験において,せん断時の応力状態の変化を表示するには,2 主応力 σ_1,σ_3 に代わり,次式で定義されるパラメータ,平均応力 p と最大せん断応力 q がよく用いられる.

$$p = \frac{\sigma_1 + \sigma_3}{2} \qquad q = \frac{\sigma_1 - \sigma_3}{2} \tag{5・7}$$

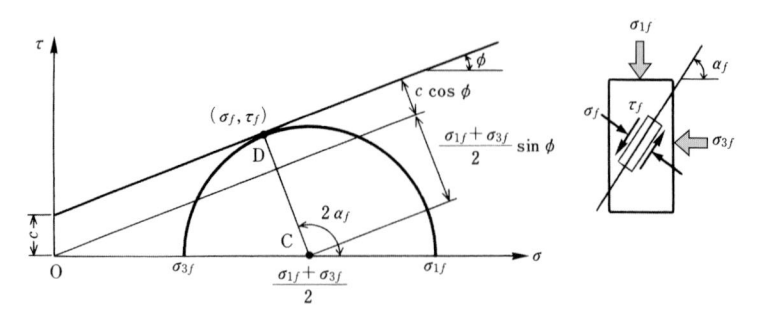

（a）破壊時のモール円　　　　（b）破壊面の応力状態

図 5・7　主応力で表示したモール-クーロンの破壊規準

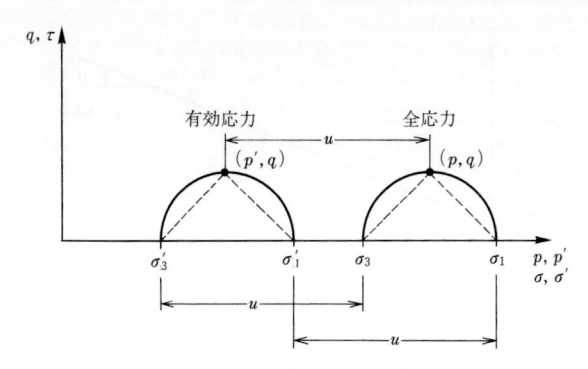

図 5・8 モールの応力円と p-q プロット

　p は最大・最小主応力の平均値，q は供試体に作用する最大せん断応力であり，図 5・8 に示すように，(p, q) はある時点におけるモールの応力円の頂点の座標に対応している．したがって，モールの応力円の特性より，p と q はそれぞれ水平面より $\pi/4$ 傾いた面に作用する直応力とせん断応力の値に等しいことがわかる．なお，間隙水圧の値を u とし，有効応力で表示した最大，最小主応力をそれぞれ σ_1', σ_3' とすると，式 (5・7) に対応する有効応力のパラメータは

$$p' = \frac{\sigma_1' + \sigma_3'}{2} = p - u \qquad q = \frac{\sigma_1' - \sigma_3'}{2} = \frac{\sigma_1 - \sigma_3}{2} \qquad (5・8)$$

により定義できる．圧密やせん断過程での応力状態の変化を，横軸に p または p'，縦軸に q をとって表示したものを，p-q 面または p'-q 面上の応力経路（stress path）と呼ぶ．また p-q プロットを全応力経路（total stress path, TSP），p'-q プロットを有効応力経路（effective stress path, ESP）と区別することが多い．
　式 (5・7) の定義に基づき，p-q 面上でのモール-クーロンの破壊規準を調べてみよう．破壊時の p と q は

$$p_f = \frac{\sigma_{1f} + \sigma_{3f}}{2} \qquad q_f = \frac{\sigma_{1f} - \sigma_{3f}}{2} \qquad (5・9)$$

と表せるので，これを式 (5・5) に代入すると

$$q_f = c \cos \phi + p_f \sin \phi \qquad (5・10)$$

が得られ，破壊線は図 5・9 の直線で表示できる．式 (5・10) の q_f は土の要素が発揮し得る最大せん断応力の値であり，一方，式 (5・4) の τ_f は破壊面上のせん断応力の大きさを表している．三軸圧縮試験より強度定数を求めるとき，図 5・6 のよ

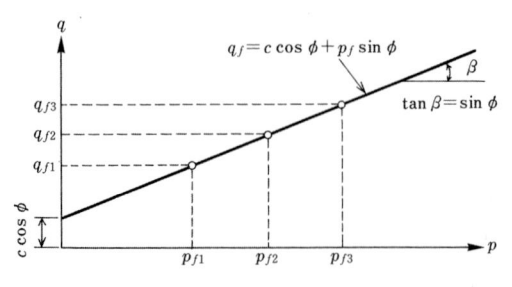

図 5・9　p-q 面上のモール-クーロンの破壊規準

うにモール円を用いる方法では，破壊包絡線を合理的に特定するのはむずかしい．一方，図 5・9 のように p-q 面を利用すれば，最小二乗法により強度定数を決定することができる．

3　排水条件とダイレタンシー

　土の力学的特性は，応力履歴や排水条件に大きく影響される．したがって，せん断試験を行う際には，原位置において土が受ける応力変化と排水条件を，できるだけ忠実に再現することが望まれる．

　通常の三軸圧縮試験では，まず，供試体を排水状態で等方圧縮するが，これは原地盤において土が自重により圧縮（圧密）された状態を再現するものである．等方圧縮の終了後，供試体からの間隙水の流出入を許した排水状態，あるいは間隙水の流出入を許さない非排水状態のいずれかでせん断を行う．前者を圧密排水試験（consolidated drained test），あるいは CD 試験と呼び，後者を圧密非排水試験（consolidated undrained test），あるいは CU 試験と呼ぶ．CD 試験は，砂地盤のように透水性の高い地盤が，静的な荷重によりせん断を受ける場合や，粘性土地盤において載荷による過剰間隙水圧が消散した後の安定性が問題となる場合などに適用される．後者を長期安定問題と呼び，粘性土地盤の掘削や切土，盛土を長期間かけて施工する場合などが相当する．CU 試験は，粘性土地盤において建設途上あるいは直後の過剰間隙水圧が消散していない状況下での安定性が問題となる場合に適用される．これを短期安定問題と呼び，粘性土地盤に短期間で盛土を築造したり，貯水池で急激に水位が低下したりする場合が相当する．なお，地震動による動的荷重は，急速な載荷であり継続時間もたかだか数分程度と短いので，砂地盤であっても非排水状態の載荷とみなせる．

図 5·10 は CD 試験の結果の一例を示している．同図 (a)，(b)，(c) は軸ひずみ ε_a に対して，それぞれ最大せん断応力 q，体積ひずみ ε_v，間隙比 e をプロットしている．また，同図 (d) は p-q 面での応力経路，同図 (e) は e-p 関係を表している．同図 (a) にみられるように，q は最大値（ピーク強度）に達した後，減少し最終的に一定値（残留強さ）に収束している．同図 (b)，(c) では，供試体の体積は，初め減少して最小となった後，増加に転じ，最終的にはある一定値に収束している．このようにせん断により体積変化が生じる現象を，ダイレタンシーといい，土のように粒が集まってできた材料（粒状体）に特有のものである．ダイレタンシーは，せん断により粒状体の粒子の配列構造が変化するために生じると考えられる．本来，ダイレタンシーという言葉は膨張を意味するが，土質力学ではせん断による体積膨張および収縮を総称してダイレタンシーと呼ぶ．また，体積膨張を正のダイレタンシー，体積収縮を負のダイレタンシーと区別することもある．なお，金属のような等方弾性体では，せん断応力のみが加わった場合，形状

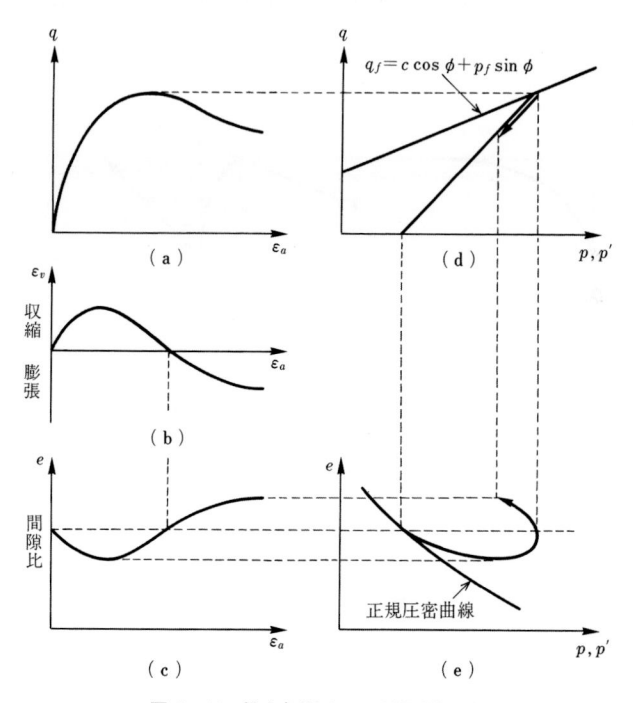

図 5·10 排水条件下での三軸圧縮試験

が変化するだけで体積は一定のままである．同図 (d) の p-q プロットでは，排水状態のため $p'=p$ となり，応力経路は $\pi/4$ の傾きの直線上を進んで破壊線に達した後，同じ経路を逆にたどり，最終的に残留強さに相当する点で止まる．

図5·11 は CU 試験の結果の一例を示している．同図 (a)，(b)，(c) は横軸に軸ひずみをとって，それぞれ最大せん断応力 q，過剰間隙水圧 u_e，間隙比 e をプロットしており，同図 (d) は p-q 面での応力経路を表している．非排水試験であることから体積変化はまったく生じず，同図 (c) のように間隙比は一定値を保つ．一方，同図 (d) の p-q プロットでは，全応力経路 (TSP) は $\pi/4$ の傾きの直線上を進むが，過剰間隙水圧が発生するため $p'=p-u_e$ であり，有効応力経路 (ESP) は曲線状となる．排水状態ならば生じるであろう体積変化が，非排水状態では過剰間隙水圧変化となって現れたもので，これもダイレタンシー現象とみなすことができる．排水試験で体積収縮が生じるようなとき，非排水試験では正の過剰間隙水圧が発生し，これとは逆に，排水試験の体積膨張は非排水試験の負の過剰間隙水圧に対応する．同図 (e) での経路は，非排水条件で体積変化が生じないため，

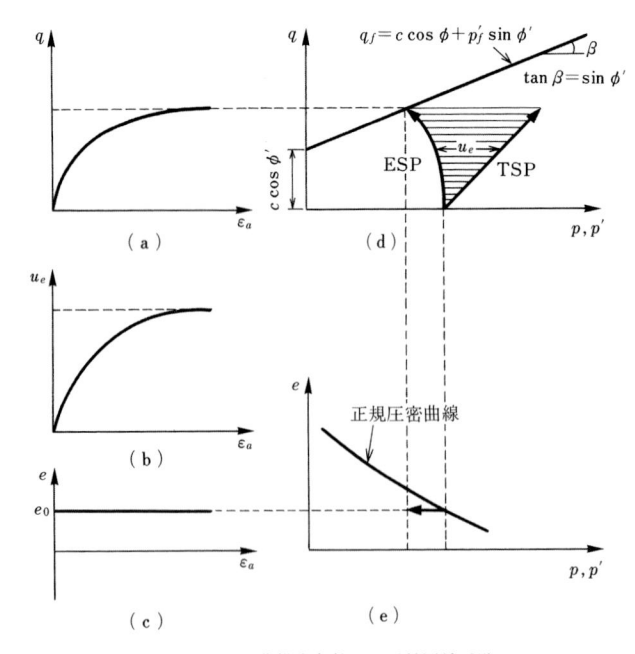

図 5·11 非排水条件での三軸圧縮試験

水平軸に平行となる．なお，同図 (a) に示す応力-ひずみ関係においては，q は軸ひずみとともに増加し，破壊線に達する時点で最大値を示す．

次節以降では，三軸圧縮試験に基づき，飽和土のせん断特性について概説する．

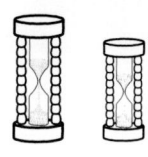

2 排水条件下でのせん断強さ

1 砂の排水せん断強さ

図 5·12 は，排水状態で実施した，飽和砂の三軸圧縮試験の結果を示している．三つの供試体は，同一の砂より同一の方法で作製したもので，同一の初期間隙比を有しており，それぞれを異なる圧力で等方圧縮した後，側圧を一定に保ち，排水条件で圧縮せん断を行っている．同図 (a) は破壊時のモールの応力円，同図 (b) は p'-q 面上の応力経路で，それぞれ有効応力を用いてプロットしている．これらの図より，排水条件での砂のせん断強さは，原点を通る直線で近似でき

$$\tau_f = \sigma'_f \tan \phi_d \tag{5·11}$$

$$s_d = q_f = p'_f \sin \phi_d \tag{5·12}$$

と表せることがわかる．ここに，ϕ_d は排水せん断抵抗角である．上式は，砂の排水条件でのせん断強さが，粒子間の摩擦抵抗に支配されていることを示唆している．なお，高圧の領域まで対象とすると，破壊包絡線は上にわずかに凸な曲線となるが，これは主として高圧域ほど粒子破砕が起こりやすいことによるものである．

次に，ゆる詰めと密詰めの飽和した砂供試体を，同一の側圧のもと，排水条件で圧縮せん断した場合の挙動について比較してみよう．図 5·13(a)，(b)，(c) は，

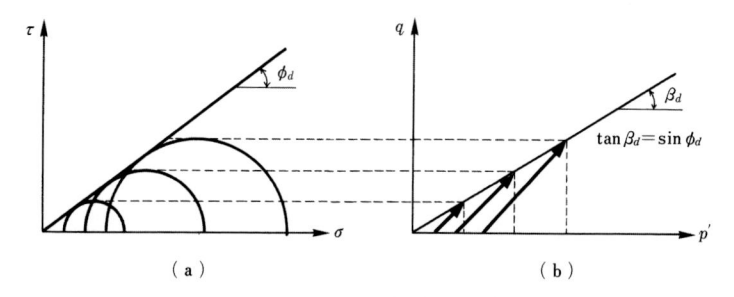

図 5·12 飽和砂の排水せん断強さ

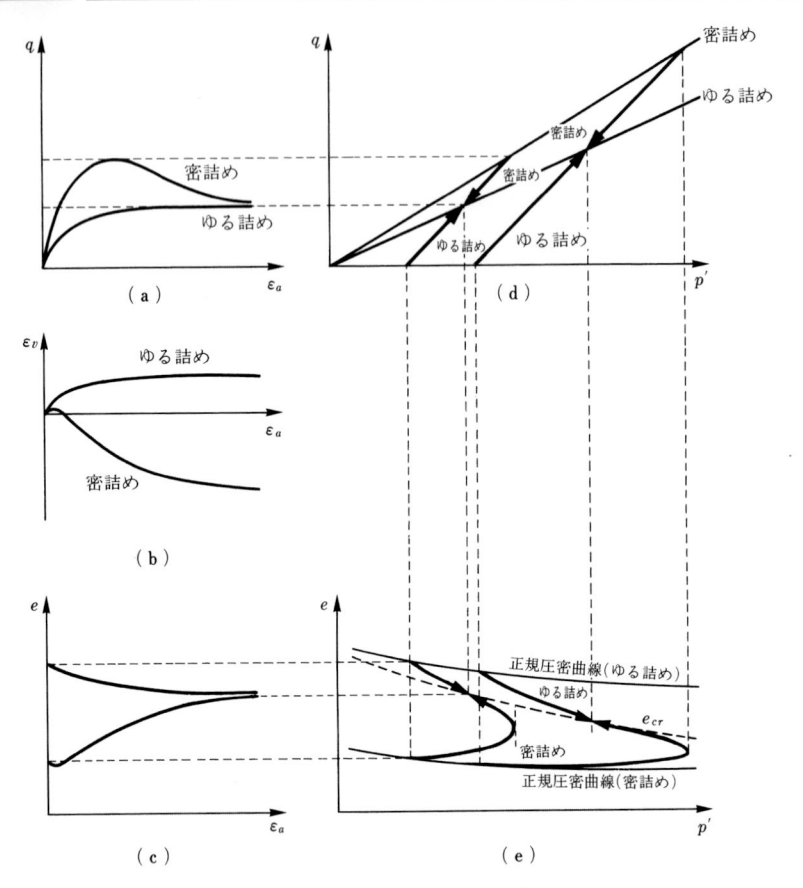

図 5・13 飽和砂の排水せん断特性

軸ひずみ ε_a を横軸にとり，それぞれ最大せん断応力 q，体積ひずみ ε_v，間隙比 e の変化をプロットしている．また，同図 (d) は $p'\text{-}q$ 面上の応力経路，同図 (e) は $e\text{-}p'$ で表示した圧縮曲線である．

図 5・13 (a) の応力-ひずみ関係を比較すると，ゆる詰めの砂では明確なピークが認められないのに対し，密詰めの砂では破壊強度 q_f に対応するピーク値に達した後，軟化して q の値が減少していく．ひずみが大きくなると，両者はほぼ同一の値に収束するが，この状態での強度を残留強さと呼ぶことがある．同図 (d) の $p'\text{-}q$ プロットでは，両者ともに当初は $\pi/4$ 傾いた経路に沿ってせん断応力が増加する．その後，ゆる詰めの砂では残留強さに対応する値にそのまま収束するのに

対し，密詰めの砂ではピーク値に達した後，直線経路を逆にたどってせん断応力が減少し，最終的に残留強さに収束する．同図には，より大きな側圧で実施した圧縮試験の応力経路も一緒に示してあるが，ピーク値，残留強さともに原点を通る直線で近似できる．

図 5·13(b) のように，ゆる詰めの砂はせん断の当初より体積収縮を生じ，最終的に一定体積に収束する傾向を示す．これに対し，密詰めの砂はわずかに収縮した後，逆に体積膨張に転じ，せん断開始時より体積が増加した状態に収束する傾向を示す．同図には示していないが，中程度に密な砂の挙動は両者の中間的なものとなり，せん断初期にかなり体積収縮した後，膨張に転じ，ついには一定体積に収束する．同図 (c) は，このダイレタンシー特性の相違を，間隙比の変化の形で比較している．初期間隙比の異なる状態から出発するものの，間隙比はゆる詰めの砂では減少していき，密詰めの砂では中途より増加傾向を示し，最終的には両者ともほぼ同一の間隙比に収束していく．同図 (a), (c), (d) より，同一の側圧のもとで排水せん断した砂供試体は，初期密度が異なっていても，最終的には p', q, e がそれぞれ一定の値に収束することがわかる．この状態を限界状態(critical state)と呼び，このときの間隙比を限界間隙比 e_{cr} という．

図 5·13(e) の e-p' プロットの，細い 2 本の実線はそれぞれゆる詰め，密詰めの供試体に対する，等方圧縮時の圧縮曲線である．粘土では正規圧縮曲線がその粘土に固有のものとして唯一定まるのに対し，砂では初期間隙比が異なると，圧縮曲線はそれぞれ別個のものになる．それらは，e-p' 面上におおよそ平行状に並ぶが，ゆる詰め砂ほど圧縮性が高い．同一の側圧でせん断されたゆる詰めと密詰めの砂は，最終的には同一の限界間隙比 e_{cr} に収束している．より高い側圧のもとで三軸圧縮試験を行うと，限界間隙比の値は小さくなり，これらを連ねて描いた e_{cr}-p' 曲線は，その砂に固有のユニークなものである．

初期間隙比の大小によるダイレタンシー特性の相違は，**図 5·14** のモデルに示し

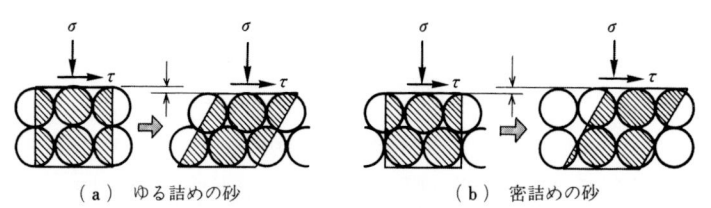

（a）ゆる詰めの砂　　　　　（b）密詰めの砂

図 5·14 ゆる詰めの砂と密詰めの砂のダイレタンシー特性の比較

ているように，インターロッキングと呼ばれる砂粒子同士のかみ合わせの相違に起因している．ゆる詰めの砂では，同図 (a) のような粒子配列が卓越しているとみることができる．このような配列では，粒子間接点に働く摩擦力のみがせん断に抵抗し，限界を超えると粒子はすべって間隙に落ち込む．したがって，ゆる詰めの砂はせん断時に体積が収縮する．一方，密詰めの砂では，同図 (b) のように砂粒子同士ががっちりとかみ合った配列が卓越しているとみられる．このような配列では，砂の粒子は他の粒子に乗り上げるように変形するので，密詰めの砂はせん断により体積が膨張する．このとき，せん断に対抗する力としては，粒子間の接点での摩擦力に加え，インターロッキングによる抵抗力が働いている．さらに，正のダイレタンシーによる体積膨張は直応力 σ に対して仕事をするので，そのエネルギー分だけ余分なせん断力が必要になる．したがって，インターロッキングと正のダイレタンシーの効果により，密詰めの砂ほど大きなせん断強さを発揮する．せん断変形が非常に大きくなると，ゆる詰めの砂でも密詰めの砂でも，初期の粒子配列構造は乱されて消失し，最終的には両者とも同じような構造を持つようになる．これが限界状態である．

砂の排水せん断抵抗角 ϕ_d は，間隙比 e が小さいほど，すなわち相対密度 D_r が大きいほど大きいが，砂を構成する鉱物の組成，粒子の形状，粒度分布などにも

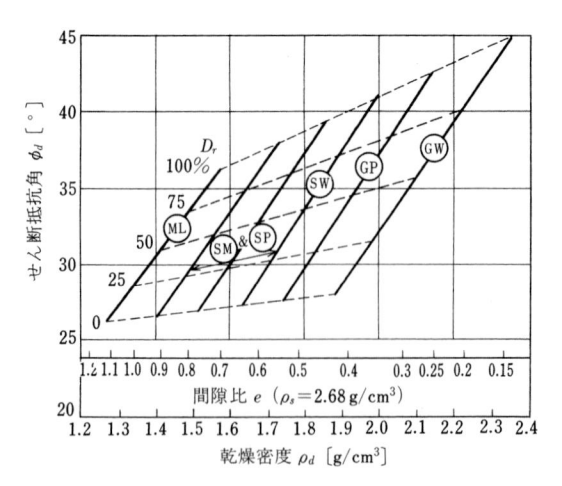

図 5・15 砂の乾燥密度，間隙比，相対密度とせん断抵抗角 ϕ_d の関係[2]
（出典：Holtz, R. D. and Kovacs, W. D.: An Introduction to Geotechnical Engineering, Prentice-Hall (1981)）

影響される．図 5・15 は，各種の砂質土について，ϕ_d と e の関係をまとめたものである．一般的に，粒径が大きく粒度分布が良いものほど強度が大きい．

図 5・16 は，標準貫入試験より求めた N 値と ϕ_d の関係を示している．飽和砂の乱さない試料を採取するのはむずかしいので，N 値よりせん断強さを推定することも多いが，誤差がかなり大きいことに注意が必要である．なお，現行の道路橋示方書や建築基礎構造設計指針では，有効拘束圧の影響を考慮して補正した N 値とせん断抵抗角の関係式が用いられている[3]．

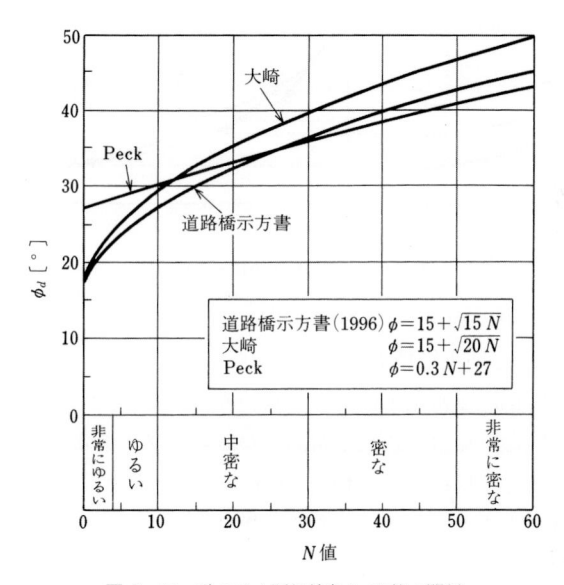

図 5・16 砂のせん断抵抗角と N 値の関係

2　正規圧密粘土の排水せん断強さ

図 5・17 は，飽和した正規圧密粘土を，異なる側圧のもと，排水状態で三軸圧縮せん断したときの挙動を示している．4・1 節 3 項で述べたように，ある粘土の正規圧密曲線は唯一定まるので，三つの供試体は同図 (e) の正規圧密曲線上に沿って等方圧密された後，排水条件で圧縮せん断を受ける．同図 (a) は最大せん断応力 q と軸ひずみ ε_a の関係を示しているが，明確なピークは認められず，ゆる詰めの砂とよく似た曲線となっている．同図 (d) は p'-q プロットで，破壊時の応力状態を連ねた p'_f-q_f 曲線は，砂の場合と同様粘着力成分がなく，原点を通る直線とな

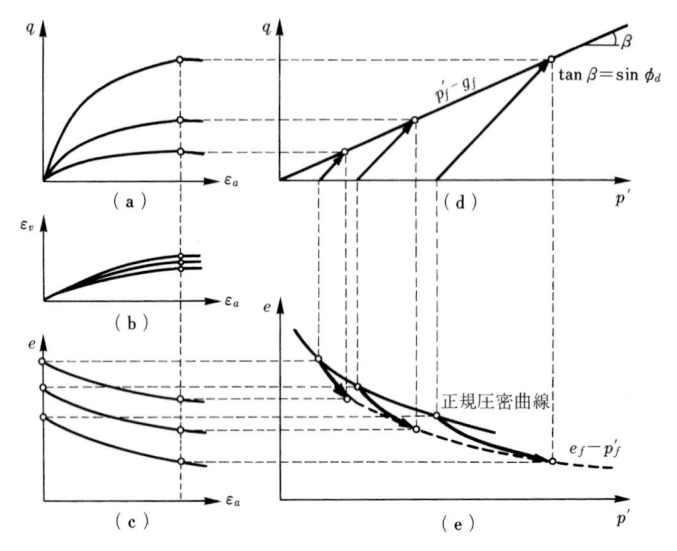

図 5・17 飽和粘土の排水試験結果

る．すなわち，正規圧密粘土の排水せん断強さは，砂と同一の式 (5・11)，(5・12) で表すことができる．粘土に粘着力成分が無いのは奇異に思えるかもしれないが，圧密応力ゼロでは正規圧密粘土はヘドロ状の液体であり，せん断抵抗を有しないことに対応している．なお，正規圧密曲線がユニークであることから，ある正規圧密粘土の排水せん断抵抗角 ϕ_d は唯一定まることになる．これは，砂の ϕ_d が初期間隙比に依存することと大きく異なる特徴である．

図 5・17(b)，(c) は軸ひずみ ε_a に対し，それぞれ体積ひずみ ε_v と間隙比 e の変化をプロットしているが，いずれもゆる詰めの砂と同様，体積収縮の傾向を示している．同図 (e) の e-p' プロットでは，破壊時の点を連ねた e_f-p'_f 曲線は，正規圧密曲線とほぼ平行に唯一定まることが示されている．なお e-$\log p'$ プロットでは，この e_f-p'_f 曲線は正規圧密曲線とほぼ平行な直線となる．同図 (d) あるいは式 (5・12) で明らかなように，p'_f に対して q_f が一義的に決まることを考慮すると，正規圧密粘土では破壊時の p'_f-q_f-e_f にユニークな関係が成り立つことがわかる．

正規圧密粘土の排水せん断抵抗角 ϕ_d は，塑性指数 I_p と関係が深いことが知られている．一般に，非塑性的な成分を多く含むほど，砂質土に似て摩擦抵抗が大きくなり，逆に高塑性なほど粘土粒子間の電気化学的な結合力が大きくなる傾向がある．したがって，図 5・18 に示すように，I_p が小さいほど ϕ_d の値は大きくな

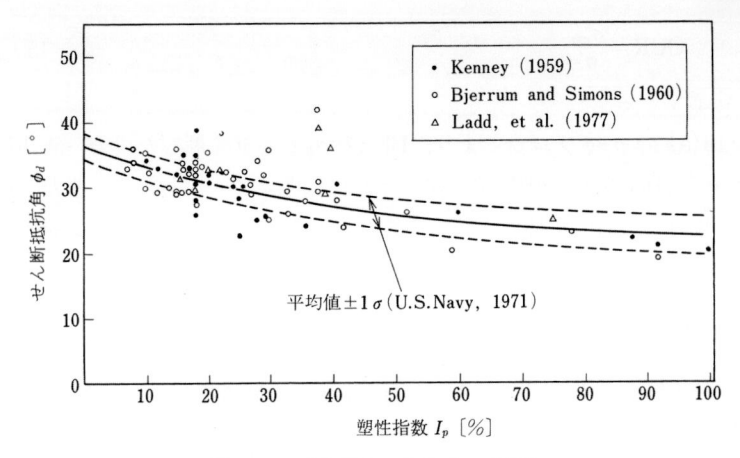

図 5・18 飽和粘土の I_p と ϕ_d の関係[2]
(出典：Holtz, R. D. and Kovacs, W. D. : An Introduction to Geotechnical Engineering, Prentice-Hall（1981））

る．

3 過圧密粘土の排水せん断強さ

図 5・19 は，同一の先行圧密応力 σ'_{cm} から除荷した，異なる過圧密比を持つ飽和粘土の排水せん断強さを比較している．同図 (b) の e-p' 曲線に示すように，まずおのおのの供試体を等方圧縮応力で σ'_{cm} まで正規圧密し，うち一つについては正規圧密状態のまま，すなわち OCR=1 で排水圧縮せん断を行っている．ほかの 2 供試体については，それぞれ OCR=2 および 4 の状態まで除荷し，引き続いて排水圧縮せん断を行っている．なお，等方圧縮状態での過圧密比は，先行圧密応力を σ'_{cm}，せん断開始時の等方圧密応力を σ'_c とすると，式 (4・10) と同形の

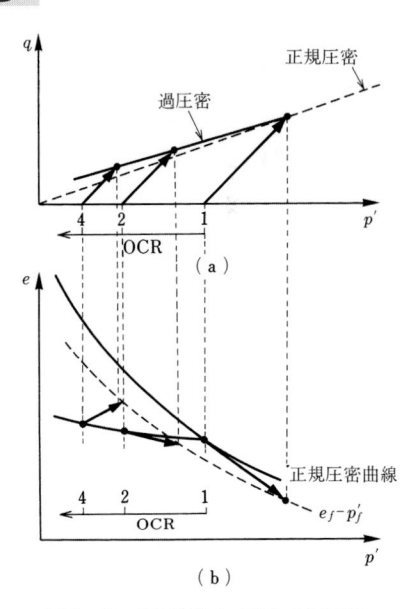

図 5・19 過圧密粘土の排水せん断強さ

$$\mathrm{OCR} = \frac{\sigma'_{cm}}{\sigma'_c} \tag{5・13}$$

により定義できる。

図5・19(a)のp'-qプロットより，同一のσ'_cからせん断した場合，正規圧密粘土に比べて過圧密粘土の破壊強度がわずかに大きいことがわかる．また，同一のσ'_{cm}より除荷した過圧密粘土の破壊曲線は，原点の近傍では上に凸な曲線となるものの，ほぼ直線で近似でき

$$\tau_f = c_d + \sigma'_f \tan \phi_d \tag{5・14}$$
$$s_d = q_f = c_d \cos \phi_d + p'_f \sin \phi_d \tag{5・15}$$

により，せん断強さを表示できる．なお，排水せん断抵抗角ϕ_dは，正規圧密粘土よりやや小さな値となる．

図5・20は，異なる先行圧密圧力σ'_{cm}より除荷した過圧密粘土の破壊強度を比較している．同図(c)に示すようにσ'_{cm}が大きくなるほど，粘着力成分c_dは大きくなるが，破壊線はほぼ平行で，排水せん断抵抗角ϕ_dは一定とみなしてよい．なお，同図(a), (b)は同一のσ'_cからせん断した正規圧密粘土と過圧密粘土の，応力-ひずみ曲線とダイレタンシー特性をそれぞれ示している．これらの図より，正規圧密粘土はゆる詰めの砂に，過圧密粘土は密詰めの砂に，それぞれ似た挙動を示すことがわかる．

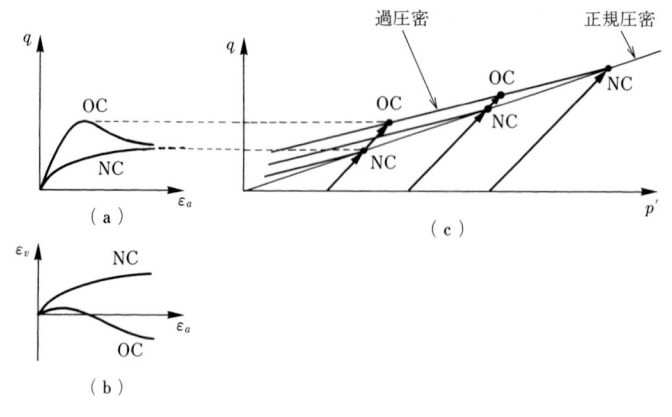

図 5・20　過圧密粘土と正規圧密粘土の排水せん断特性の比較

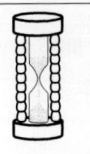

3 非排水条件下でのせん断強さ

1 間隙水圧係数

5・1節3項で述べたように,非排水条件下で載荷を行うと,供試体の体積は変化せず,過剰間隙水圧が発生する.ここでは,図5・21(a)に示すように,$p_0'=p_0=\sigma_c$ で等方圧縮した供試体の鉛直応力(軸圧)を $\Delta\sigma_a=\Delta\sigma_1$,水平応力(側圧)を $\Delta\sigma_r=\Delta\sigma_3$ だけ増加させたときに,過剰間隙水圧がどのように発生するかを考えてみよう.ただし,$\Delta\sigma_1 > \Delta\sigma_3$ であり,鉛直応力は最大主応力,水平応力は最小主応力とする.この応力状態を同図(b),(c),(d)のように分解してみる.つまり,$p_0'=p_0=\sigma_c$ の等方応力状態にあったところに,等方応力成分 $\Delta\sigma_3$ が加わり,さらに異方応力成分 $\Delta\sigma_1-\Delta\sigma_3$ が鉛直方向に加わったと考える.

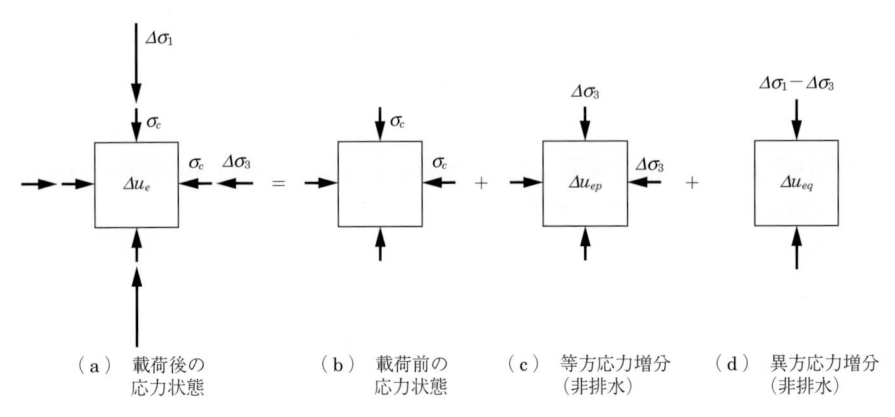

(a) 載荷後の応力状態　(b) 載荷前の応力状態　(c) 等方応力増分(非排水)　(d) 異方応力増分(非排水)

図 5・21　載荷による応力の分解

まず,図5・21(c)のように等方応力成分を $\Delta\sigma_3$ だけ増加したとき,$\Delta\sigma_3'$ の有効応力と Δu_{ep} の過剰間隙水圧が発生したとする.このとき,有効応力の増加により,供試体の骨格の体積 V は $-\Delta V_p$(ΔV_p は膨張のとき正)だけ収縮し,供試体の圧縮率を C_b とすると

$$-\frac{\Delta V}{V} = C_b \Delta\sigma_3' \tag{5・16}$$

と表せる．一方，骨格の体積 V には $V_w = nV$ (ただし，n は間隙率) だけ間隙水が含まれているので，間隙水圧の変化により，これも収縮する．水の圧縮率を C_w とし，その収縮量を $-\Delta V_w$ とすると

$$-\frac{\Delta V_w}{nV} = C_w \Delta u_{ep} \tag{5・17}$$

となる．ところで，土粒子は非圧縮性とみなせることから，骨格の圧縮量 $-\Delta V_p$ は水の圧縮量 $-\Delta V_w$ に等しいとしてよい．したがって，式(5・16)，(5・17) および $\Delta\sigma_3' = \Delta\sigma_3 - \Delta u_{ep}$ の関係から，次式が得られる．

$$\Delta u_{ep} = \frac{1}{1 + \dfrac{nC_w}{C_b}} \Delta\sigma_3 = B\Delta\sigma_3 \tag{5・18}$$

上式に示すように，右辺の係数を B と置き，間隙水圧係数 B と呼ぶ．一般に水の圧縮率は土の骨格の圧縮率に比べてはるかに小さいので C_w/C_b の値は無視できるほど小さく，土が飽和していると，$B \fallingdotseq 1.0$ とみなせる．なお，不飽和の場合は $B < 1.0$ で，飽和度が低下するに従い，B の値は急激に小さくなる．

次に，図5・21(d) のように，異方応力 $\Delta\sigma_1 - \Delta\sigma_3$ が鉛直方向に加わった場合の，間隙水圧の変化は，間隙水圧係数 A を導入し，次式で表せるものとする．

$$\Delta u_{eq} = A(\Delta\sigma_1 - \Delta\sigma_3) \tag{5・19}$$

間隙水圧係数 A は土が飽和している場合でも定数ではなく，土の種類のみならず，間隙比や過圧密比，せん断履歴などによって異なる値を示す．

以上より，任意の応力を負荷したときに発生する過剰間隙水圧 Δu_e は，式(5・18)，(5・19) を足し合わせたものとして

$$\Delta u_e = B\Delta\sigma_3 + A(\Delta\sigma_1 - \Delta\sigma_3) \tag{5・20}$$

と表示できる．上式より，飽和した供試体に，非排水条件で等方応力変化 $\Delta\sigma_c$ のみ与えた場合には，それと等しい過剰間隙水圧 $\Delta u_e = \Delta\sigma_c$ が発生し，その結果，有効応力状態は変化しないことがわかる．

2　正規圧密粘土の非排水せん断強さ

三軸試験装置を用い，等方応力で正規圧密した飽和粘土を，非排水状態で圧縮せん断したときの挙動を調べてみよう．図5・22(a)，(b)は，異なる圧密圧力からせん断した2供試体について，軸ひずみ ε_a と，最大せん断応力 q および過剰間隙水圧 u_e の関係をそれぞれ示している．非排水せん断により発生する過剰間隙水

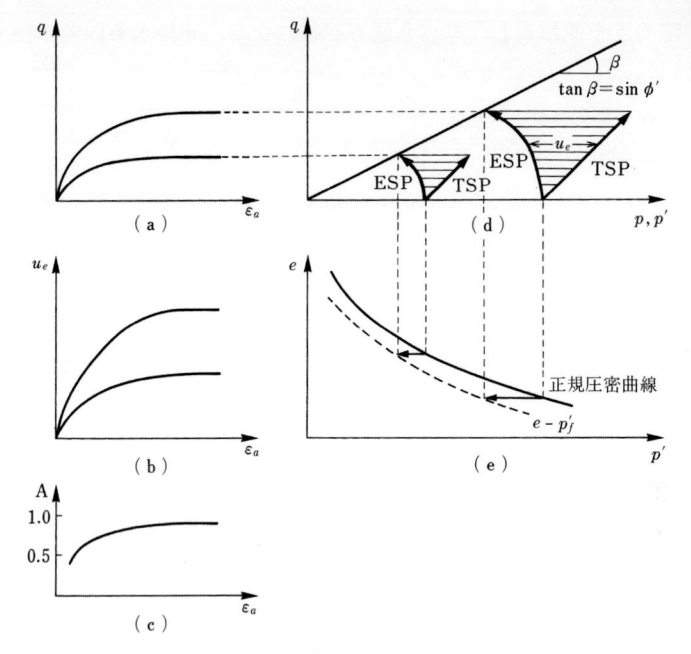

図 5・22 正規圧密粘土の非排水せん断強さ

圧は式 (5・20) により与えられるが，側圧一定の三軸圧縮せん断では，軸圧を σ_a，側圧を σ_r とすると

$$\Delta \sigma_3 = \Delta \sigma_r = 0 \tag{5・21}$$

$$\Delta \sigma_1 - \Delta \sigma_3 = \Delta \sigma_a - \Delta \sigma_r = \Delta \sigma_a \tag{5・22}$$

と表せるので

$$\Delta u_e = A \Delta \sigma_a = 2 A \Delta q \tag{5・23}$$

となる．したがって，せん断中の過剰間隙水圧はすべて異方応力成分により生じているとみることができる．前述のように，非排水せん断で発生する過剰間隙水圧は，土のダイレタンシーによるものであることから，間隙水圧係数 A はダイレタンシー特性の指標とみることもできる．なお，図 5・22(c) は，式 (5・23) より求まる間隙水圧係数 A のおおよその変動傾向を示している．一般に正規圧密粘土では，せん断初期より破壊に至るまで，間隙水圧係数 A は正の値を示す．

図 5・22(d) は p-q 平面での応力経路を示しており，全応力経路（TSP）と有効応力経路（ESP）の距離は過剰間隙水圧の値に相当している．同図で有効応力経

路の破壊時の点を連ねると，原点を通る直線になり，非排水条件での粘土のせん断強さは

$$\tau_f = \sigma'_f \tan\phi' \tag{5・24}$$

$$s_u = q_f = p'_f \sin\phi' \tag{5・25}$$

により表せる．ここに，ϕ' は非排水せん断抵抗角，s_u は非排水せん断強さと呼ばれる．非排水せん断抵抗角 ϕ' は排水せん断抵抗角 ϕ_d の値とほぼ同一であることが知られている．図 5・22(e) は e-p' プロットを示しているが，非排水条件では間隙比が変化しないので，せん断時の経路は p' 軸に平行な直線となる．破壊時の点を連ねた e_f-p'_f 曲線は，排水条件での e_f-p'_f 曲線（図 5・17(e)）とほぼ一致することが実験的に確かめられている．

破壊時の間隙水圧係数 A の値を A_f と定義すると，この値を用いて飽和粘土の非排水せん断強さ s_u を予測することができる．完全飽和を仮定すると，式 (5・20) において $B=1.0$ となるので，破壊に至るまでの過剰間隙水圧増分 Δu_f は

$$\Delta u_f = \Delta\sigma_{3f} + A_f(\Delta\sigma_{1f} - \Delta\sigma_{3f}) \tag{5・26}$$

により与えられる．ここに，$\Delta\sigma_{1f}$，$\Delta\sigma_{3f}$ はそれぞれ破壊時までの最大および最小主応力の増分である．また，有効応力で表示した等方圧密応力を p'_0 とすると，破壊時の応力 p'_f と $s_u = q_f$ の値は次式で表せる．

$$p'_f = \frac{\sigma'_{1f} + \sigma'_{3f}}{2} = \frac{\sigma_{1f} + \sigma_{3f}}{2} - \Delta u_f = p'_0 + \frac{\Delta\sigma_{1f} + \Delta\sigma_{3f}}{2} - \Delta u_f \tag{5・27}$$

$$s_u = q_f = \frac{\sigma'_{1f} - \sigma'_{3f}}{2} = \frac{\Delta\sigma_{1f} - \Delta\sigma_{3f}}{2} \tag{5・28}$$

式 (5・27) に式 (5・26) を代入すると

$$p'_f = p'_0 - (2A_f - 1)\frac{\Delta\sigma_{1f} - \Delta\sigma_{3f}}{2} = p'_0 - (2A_f - 1)s_u \tag{5・29}$$

と表せる．式 (5・28)，(5・29) を式 (5・25) に代入すると，強度増加率 s_u/p'_0 を与える次式が導ける．

$$\frac{s_u}{p'_0} = \frac{\sin\phi'}{1 + (2A_f - 1)\sin\phi'} \tag{5・30}$$

この式を用いれば，ある等方応力 p'_0 で正規圧密された粘土の非排水せん断強さ s_u を予測できることになる．通常，正規圧密粘土の A_f の値は 0.7～1.3 程度，s_u/p'_0 の値は 0.3～0.6 程度の範囲の値をとることが知られている．強度増加率は，一様な粘土地盤において深さ方向のせん断強さの分布を推定したり，盛土の基礎

地盤において圧密が進行して有効応力が増加したときのせん断強さを予測する際に利用される．なお，実際には式(5・30)によらずに，p_0'の異なる三軸試験を数個行い，強度増加率を直接算定することが多い．

3 過圧密粘土の非排水せん断強さ

図 5・23 は飽和した過圧密粘土の非排水せん断時の挙動を，p-q プロットで正規圧密粘土と比較している．過圧密比 OCR が大きくなるにつれて，せん断時の正の過剰間隙水圧の発生量は次第に小さくなっていく．非常に過圧密された粘土では，中途より過剰間隙水圧の値が正から負へ，すなわち間隙水圧係数 A が正から負へと変化する．同一の先行圧密圧力から除荷した過圧密粘土は，有効応力経路(ESP)が排水条件での破壊線とほぼ同一の線に到達して破壊する．したがって，非排水条件での過圧密粘土のせん断強さは

$$\tau_f = c' + \sigma_f' \tan \phi' \tag{5・31}$$
$$s_u = q_f = c' \cos \phi' + p_f' \sin \phi' \tag{5・32}$$

により表せる．ここに，c'は粘着力，ϕ'は非排水せん断抵抗角，s_uは非排水せん断強さである．また，過圧密粘土でも正規圧密粘土と同様に，有効応力表示した強度定数は，非排水状態と排水状態でほぼ等しく，$c' \fallingdotseq c_d$，$\phi' \fallingdotseq \phi_d$ である．なお，非常に過圧密された粘土では，破壊線に到達してもひずみは急増せず，すぐには破壊状態とならない．その後，負の過剰間隙水圧はさらに増加し，有効応力経路は p' の値を増しながら破壊線上を進み，最終的に破壊状態に至る．

過圧密粘土の場合も，破壊時の間隙水圧係数 A_f の値が既知であれば，式(5・26)により破壊時の過剰間隙水圧を求め，さらに非排水せん断強さを推定することができる．過圧密粘土の A_f の値はおおよそ図 5・24 に示すような範囲に分布

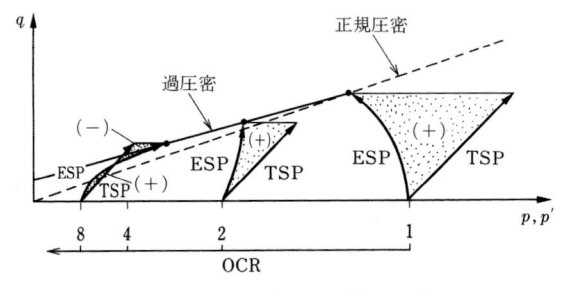

図 5・23 過圧密粘土の非排水強度

図 5・24 過圧密比と A_f の関係

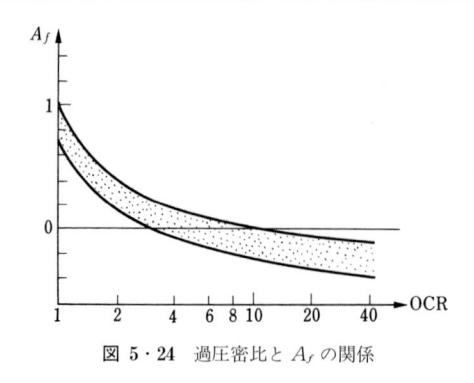

し，過圧密比 OCR が大きくなるほど小さく，非常に過圧密された粘土では負となる．

4 非圧密非排水試験

原位置での粘土の強度を求めるためには，サンプリングにより乱さない試料を採取して三軸圧縮試験を行う．1・6 節で述べたように，軟らかい粘土のサンプリングにはシンウォールチューブを用いるのが一般的である．原位置より運搬された試料は，室内でチューブから押し抜かれ，成形されて供試体となる．図 5・25 は，この間の粘土の応力状態の変化を示している．同図 (a) のように原位置で K_0 状態にあった粘土を乱さずにサンプリングすると，同図 (b) のチューブ内には，σ'_v，σ'_h の平均よりも多少小さい等方応力 $p'=p_0$ が作用するといわれている．チューブより押し抜く過程では，等方応力 p_0 が除荷されるが，非排水条件なので負の間隙水圧 $u=-p_0$ が発生し，同図 (c) のように有効応力状態は変化せず，$p'=p_0$ の等

(a) 原位置　　(b) サンプリング，チューブ内の状態　　(c) チューブから取り出した状態

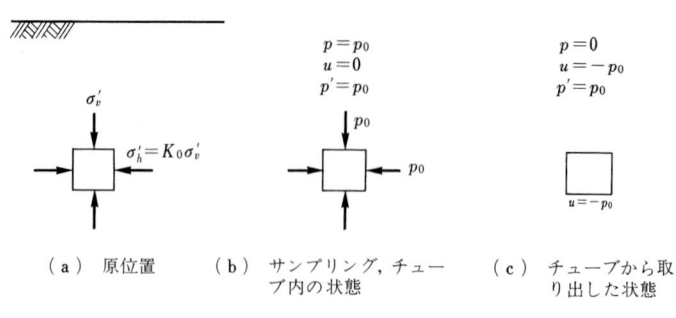

図 5・25 サンプリングによる試料の応力状態の変化

方応力が引き続き作用することになる．しかし，実際には乱れを完全に防止することはできないので，成形した供試体に作用している有効応力は，この値より小さくなる．

乱さない試料を用いた非排水三軸せん断試験において，排水状態での等方圧縮を行わずに，すなわち圧密をせずに圧縮せん断することがよく行われる．これを非圧密非排水試験（unconsolidated undrained test），または UU 試験と呼ぶ．供試体を試験機にセットした状態では，図 5・25(c) のように負の間隙水圧 $u=-p_0$ が働いているため，$p'=p_0$ の等方応力状態にある．非圧密非排水試験では，まず非排水状態で等方応力を負荷した後，非排水せん断するのが一般的である．負荷する等方応力を σ_c とすると，全応力は $p=\sigma_c$ となるが，5・3 節 1 項で述べたように，非排水状態ではそれと等しい間隙水圧が発生することから，$p'=p_0$ のままで有効応力状態は変化しない．

図 5・26(a) は，その後に行われた非排水圧縮せん断時の応力経路を示している．図 5・22(d) と比較すると，全応力経路（TSP）は負荷した等方応力に応じて平行移動しているが，有効応力経路（ESP）はすべての試験で同一となる．したがって，非排水状態で加えられた等方応力の値にかかわらず，せん断強さも唯一

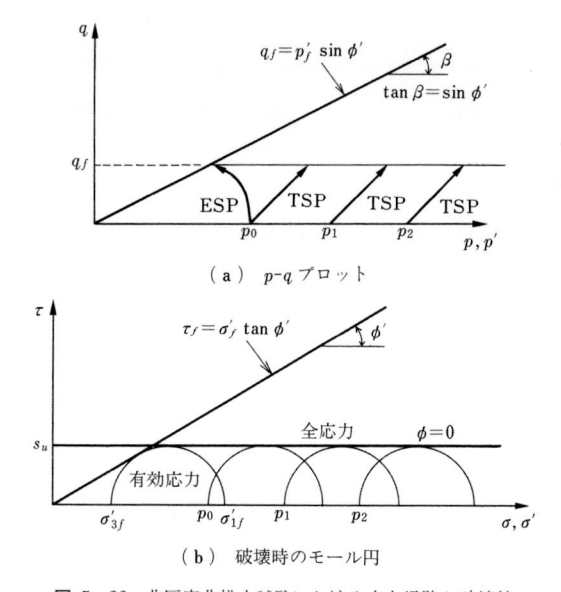

（a） p-q プロット

（b） 破壊時のモール円

図 5・26 非圧密非排水試験における応力経路と破壊線

定まることになる．図 5・26 (b) は，破壊時のモール円を，有効応力および全応力で表示しているが，すべてが等しい半径を有していることがわかる．したがって，全応力で表示した破壊時のモール円から破壊包絡線を求めると $\phi=0$ で，$c_u=s_u=q_f$ となる．このように，非排水状態で等方（圧密）応力を変化させても，せん断強さ $s_u=q_f$ が同一の値となることを $\phi=0$ 条件と呼んでいる．一方，有効応力で表示すれば，$c'=0$ となり，有効せん断抵抗角 ϕ' により強度を一義的に表すことができる．

三軸試験は装置も大がかりで，実験自体にも手間がかかるため，側圧を負荷せずに軸圧のみを増加させる一軸圧縮試験が行われることも多い．一軸圧縮試験は，側圧がゼロの非圧密非排水試験とみなすことができる．一軸圧縮試験の破壊時の軸圧 q_u を一軸圧縮強さと呼ぶが，**図 5・27** に示すように，非排水せん断強さを s_u とすると

$$s_u = c_u = \frac{1}{2} q_u \tag{5・33}$$

の関係が成り立つ．粘性土の乱さない試料と，これを同じ含水比で十分に練り返した試料を用いて一軸圧縮試験を行うと，**図 5・28** に示すような応力-ひずみ曲線が得られる．乱さない試料と練り返し試料の一軸圧縮強度の比

$$S_t = \frac{q_u}{q_{ur}} \tag{5・34}$$

を鋭敏比（sensitivity ratio）といい，鋭敏比が大きいほど乱したときに強度低下が著しいことを意味している．$S_t>4$ を鋭敏粘土と呼ぶが，わが国の沖積粘土の鋭敏比は 5〜15 程度である．北欧やカナダに分布するクイッククレイは，溶脱されて自然含水比が液性限界より大きく，鋭敏比は数 100 にも達する．クイッククレイは，衝撃などの擾乱を引き金として崩壊を生じ，数 10 ヘクタールを越すような

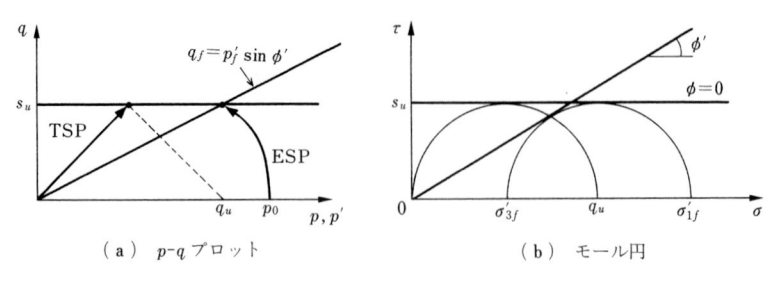

(a) p-q プロット

(b) モール円

図 5・27 一軸圧縮強さ q_u と非排水せん断強さ s_u の関係

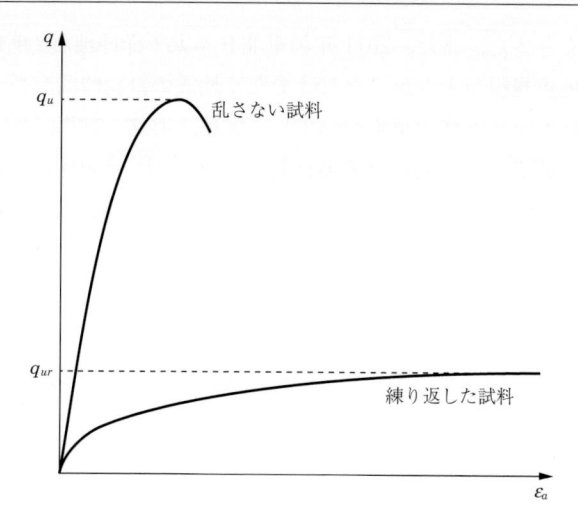

図 5・28 乱さない試料と練り返した試料の一軸圧強さ

大規模な地すべりを引き起こすこともある．

4 飽和砂の液状化

1 土の動的挙動

　これまでの節では，静的なせん断力を受ける土の変形・強度特性について説明してきたが，地震動，波浪，交通荷重，機械振動などによる繰返し応力が作用する場合には，土の動的挙動が問題となってくる．わが国のような地震国では，とりわけ地震動を受ける地盤や土構造物の挙動や安定性が，地盤工学の重要な課題となっている．

　地盤および土構造物に関連した地震災害には，沈下，ひび割れ，液状化，基礎の破壊，斜面崩壊などがあるが，なかでも飽和した砂質地盤の液状化は最も甚大な被害をもたらしてきている．液状化による地盤災害は，1964年のアラスカ地震と新潟地震を契機に注目を浴びるようになってきた．1995年の兵庫県南部地震（阪神・淡路大震災）では，ポートアイランドや六甲アイランドなどの埋立地や沖積低地において，液状化により大規模な地盤の沈下や側方流動が生じ，構造物

に大きな被害を与えた．また，2011年の東北日本太平洋沖地震（東日本大震災）では，M9と地震規模が大きかっただけでなく地震の継続時間が長かったこともあり，広範囲にわたり液状化現象が発生し，家屋，道路，護岸，地下に埋設されたライフライン施設などに大きな被害をもたらしたことは記憶に新しい．特に，東京湾岸の埋立地などで多数の一般住宅が被災したことは，近い将来に予測される南海・東南海・東海地震あるいは首都圏直下型地震に備え，液状化対策が急務であることを告げている．口絵5は阪神・淡路大震災の際に，側方流動を伴う液状化で崩壊した神戸市ポートアイランドの岸壁，口絵7は，新潟地震の際に液状化に起因して沈下・倒壊したアパートの被災状況を示している．また，第3章の扉には，東日本大震災における千葉市の住宅地の液状化被災状況を示す写真を掲載している．

この節では，土の動的性質のうち，飽和砂の液状化現象に的を絞り，そのメカニズムおよび砂が発揮する液状化抵抗力について概説する．

2 液状化発生のメカニズム

5・3節では，飽和した砂の非排水せん断に関する説明を省略したので，液状化について説明するのに先立ち，ここで簡単に触れておくことにする．飽和した砂が，非排水条件で静的なせん断応力を受けた場合，正規圧密粘土と同様に，せん断強さは

$$\tau_f = \sigma'_f \tan\phi' \tag{5・35}$$

$$q_f = p'_f \sin\phi' \tag{5・36}$$

により表せる．ここに，ϕ'は非排水せん断抵抗角であり，排水せん断抵抗角ϕ_dとほぼ等しい値をとる．ただし，密詰めの砂の場合，排水条件では，正のダイレタンシーによる体積膨張にエネルギーが消費されるので，$\phi_d > \phi'$となることが知られている．

図5・29は，ゆるく堆積した飽和砂地盤が，地震動による繰返しせん断応力を受けたときの挙動を模式的に示している．同図(a)，(b)に示すK_0状態の水平地盤に地震波が伝播してくると，砂の要素には同図(c)，(d)のような繰返しせん断応力が作用する．この繰返しせん断応力により，砂粒子の配列構造は乱され，粒子同士のかみ合わせが次第にはずれていく．もし排水条件であれば，5・2節1項で説明したように，ゆる詰めの砂は負のダイレタンシー特性を示し，体積収縮するこ

5・4 飽和砂の液状化

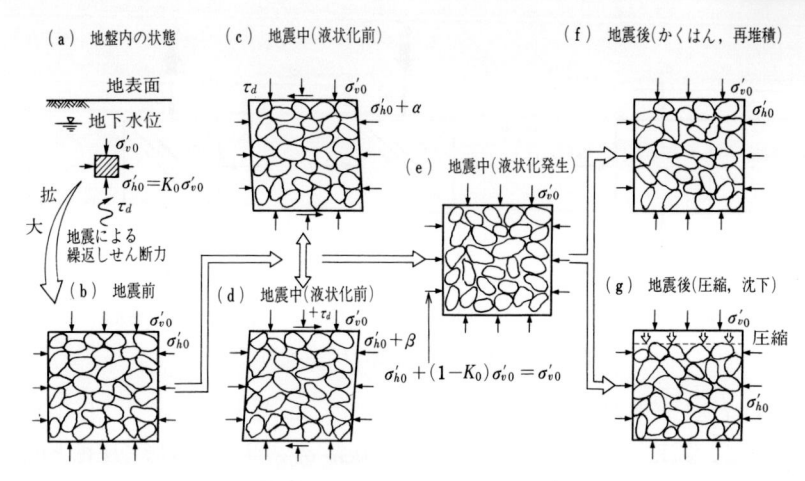

図 5・29 液状化発生のメカニズム[4]
(出典：液状化の調査から対策工まで，鹿島出版会)

とになる．しかし，地震動の継続時間は数十秒から長くても数分程度であり，砂の透水係数が大きいことを考慮しても，地震動による繰返しせん断は非排水条件とみなすことができる．したがって，負のダイレタンシー特性は，過剰間隙水圧の増加，すなわち有効応力の減少という形で現れる．繰返しせん断が継続すると，ついには粒子同士のかみ合わせが完全に失われ，同図 (e) のように水中に砂粒が浮いた「泥水」と同様の状態になる．このとき，有効応力はゼロとなり，土塊に働く力はすべて間隙水圧により支えられるようになる．また，式 (5・35) において $\sigma'_f = 0$ であることから $\tau_f = 0$ となり，砂地盤はせん断力に対する抵抗を完全に失ってしまう．言い換えれば，砂地盤は固体の状態から「泥水」，すなわちせん断抵抗を持たない液体の状態に変化したと考えることもできる．ここに，液状化 (liquefaction) という用語の由来がある．

3 砂の液状化特性

砂の液状化特性を室内で調べるには，三軸試験装置により非排水繰返しせん断試験を行うのが一般的である．繰返し載荷に利用する三軸試験装置（繰返し三軸試験装置，あるいは振動三軸試験装置と呼ぶ）は，図 5・4 に示した静的載荷用のものと基本的には同一のものであるが，油圧や空圧を制御することにより，軸方向に繰返し応力を載荷できるようになっている．

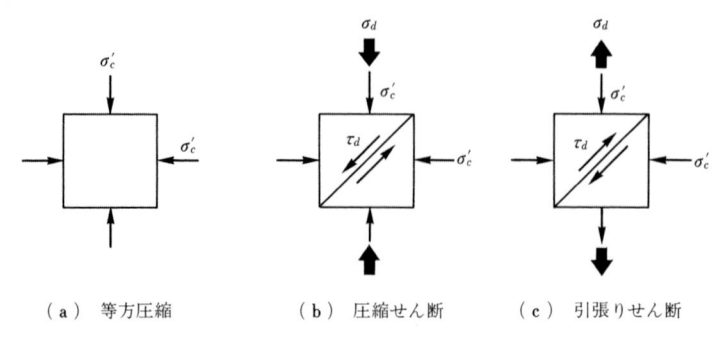

(a) 等方圧縮　　　(b) 圧縮せん断　　　(c) 引張りせん断

図 5・30　繰返し三軸試験における応力状態

　通常の繰返し三軸試験では，**図5・30**に示すように，等方応力 σ'_c まで圧縮した供試体に対し，側圧一定の非排水条件のもと，振幅 σ_d のサイン波形で圧縮と引張り（伸張）応力を交互に加える．同図 (b)，(c) は，圧縮，引張りのそれぞれの方向に軸応力が加わったとき，水平面より $\pi/4$ 傾いた面上に作用する最大せん断応力を示している．この面には，振幅 $\tau_d = \sigma_d/2$ のせん断応力が繰返し作用し，地震動をシミュレートした形となっている．**図5・31**は，ゆる詰めの砂供試体を非排水繰返しせん断したときのデータ例で，時間を横軸にとり動的軸応力，軸ひずみ，過剰間隙水圧の変化を示している．同図 (b) にみられるように，繰返し回数が小さ

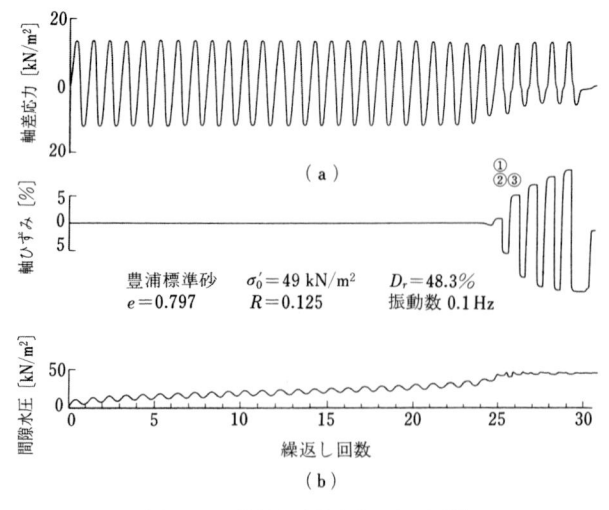

豊浦標準砂　　$\sigma'_0 = 49 \text{ kN/m}^2$　　$D_r = 48.3\%$
$e = 0.797$　　$R = 0.125$　　振動数 0.1 Hz

図 5・31　繰返し三軸試験のデータ例[4]
（出典：液状化の調査から対策工まで，鹿島出版会）

いうちは軸ひずみはほとんど発生しないが，ある回数を境にひずみ振幅が急増する．一方，過剰間隙水圧は回数とともに徐々に増加するが，ひずみ振幅の急増点の多少前から急上昇し，拘束圧 σ_c' とほぼ等しくなって液状化状態に至る．なお，過剰間隙水圧が有効拘束圧と等しくなった時点，あるいは両振幅のひずみが 5％ないし 10％ を超えた時点をもって液状化と判定することが多い．

図 5·32 は，ゆる詰めと密詰めの砂供試体を繰り返しせん断したときの有効応力経路を p'-q プロットの形で模式的に描き，比較したものである．ゆる詰めの砂供

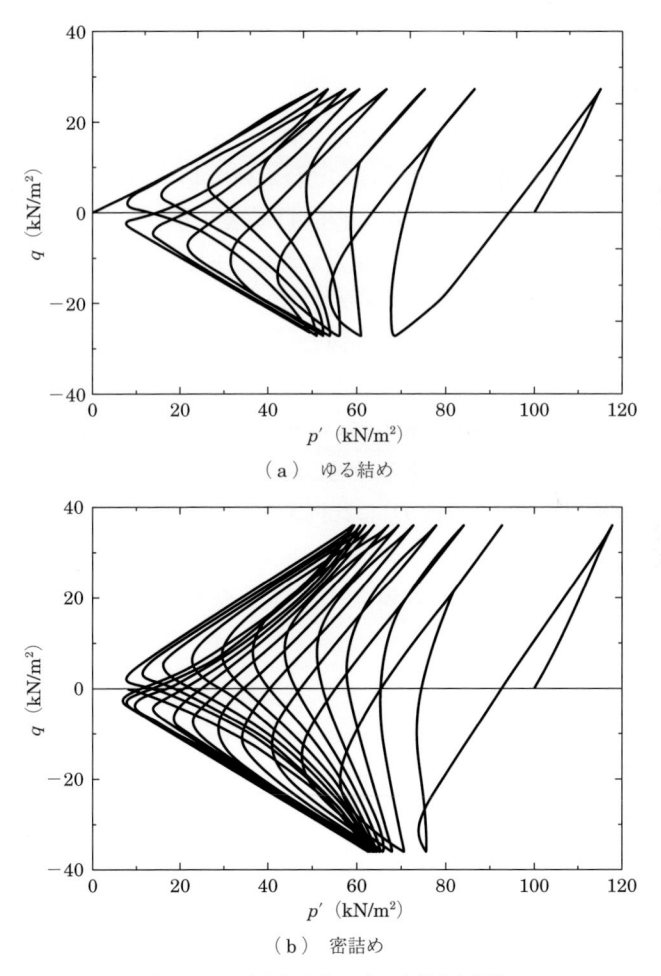

(a) ゆる詰め

(b) 密詰め

図 5·32 液状化試験の p'-q 有効応力経路

試体では，載荷のサイクルごとに間隙水圧が上昇して有効応力が減少し，ある限界を超えると除荷時に急激に間隙水圧が上昇し，有効応力がゼロの液状化状態にいたる．これに対し，密な砂供試体では，載荷のサイクルごとにゆっくりと間隙水圧が上昇していくが，除荷時に有効応力がゼロになることは無く，正負の繰返しせん断応力が加わるたびに有効応力が回復し，液状化状態には至らない．密な供試体のこの特性をサイクリック・モビリティと呼ぶ．

砂の液状化に対する抵抗力（液状化強度，液状化抵抗）は，繰返しせん断応力を有効拘束圧で除した応力比

$$R = \frac{\tau_d}{\sigma_c'} = \frac{\sigma_d}{2\sigma_c'} \tag{5・37}$$

で表示するのが一般的である．ある繰返し回数で液状化を生じさせるのに必要な繰返しせん断応力は，通常の応力レベルでは有効拘束圧に比例するので，応力比を用いれば一義的に液状化強度（液状化抵抗）を表せることになる．この特性は，式 (5・35)，(5・36) により静的強度が規定できることにも通じ，砂が摩擦性材料であることを示すものである．繰返しせん断応力比の値を変えて，数回の非排水繰返しせん断試験を行うと，**図 5・33** に示すような応力比-液状化回数関係（液状化強度曲線）が得られる．同図では，ゆる詰めと比較的密詰めの豊浦標準砂について，応力比-液状化回数関係を比較しているが，密詰めのものほど液状化に対する抵抗力が大きいことがわかる．ある繰返し回数で液状化を生じる応力比は，相対密度 D_r が 70% 以下では，ほぼ D_r に比例するが，それ以上密になると応力比が急増することが知られている．

土の動的性質や液状化現象の詳細については，参考文献 4)，5) などを参照されたい．

図 5・33 液状化強度曲線

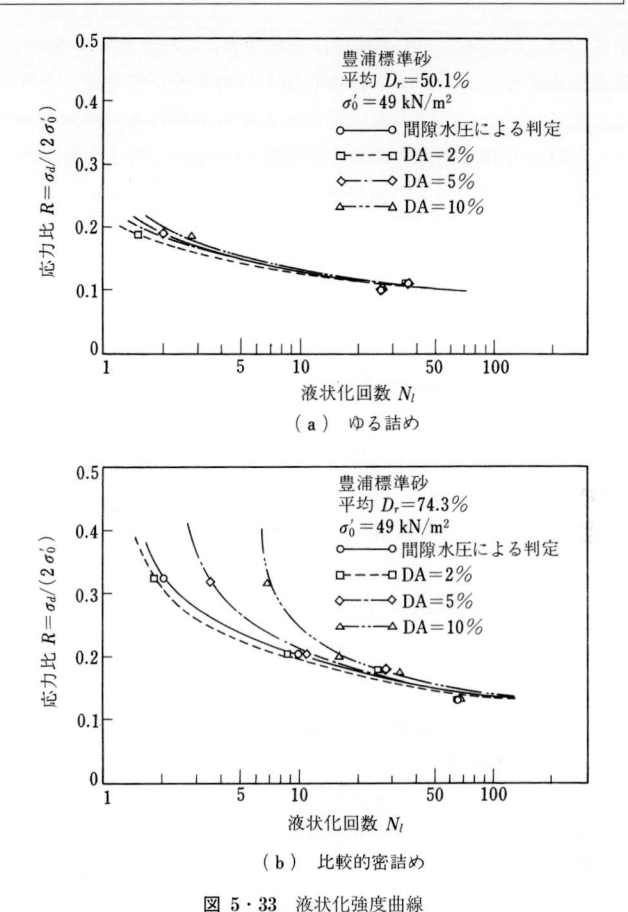

(a) ゆる詰め

(b) 比較的密詰め

◆ まとめ ◆

この章では，土にせん断応力が作用したときの土の強度と変形特性について述べた．

① 通常の応力範囲では，土のせん断強さをモール–クーロンの破壊規準

$$\tau_f = c + \sigma_f \tan\phi$$

により表すことができる．ここに，c は粘着力，ϕ はせん断抵抗角（内部摩擦角）である．

② 排水条件でせん断すると，土の体積は変化する．これをダイレタンシーといい，体積膨張を正のダイレタンシー，体積収縮を負のダイレタンシーと呼ぶ．非排水条件では，ダイレタンシーは過剰間隙水圧となって現れる．排水条件での正のダイレタンシーは，非排水条件での負の過剰間隙水圧に，排水条件での負のダイレタンシーは非排水条件での正の過剰間隙水圧に，それぞれ対応する．

③ 排水条件での砂のせん断強さは，粘着力成分がゼロで

$$\tau_f = \sigma'_f \tan \phi_d$$
$$s_d = q_f = p'_f \sin \phi_d$$

により表せる．ここに，ϕ_d は排水せん断抵抗角である．砂の間隙比が小さく，相対密度が大きいほど ϕ_d の値は大きい．

④ 排水条件での正規圧密粘土のせん断強さも，粘着力成分がゼロで，上式により表示できる．一方，過圧密粘土の排水せん断強さは

$$\tau_f = c_d + \sigma'_f \tan \phi_d$$
$$s_d = q_f = c_d \cos \phi_d + p'_f \sin \phi_d$$

により表せる．過圧密土の ϕ_d の値は正規圧密土より小さい．

⑤ 非排水条件での正規圧密粘土のせん断強さは，粘着力成分がゼロで

$$\tau_f = \sigma'_f \tan \phi'$$
$$s_u = q_f = p'_f \sin \phi'$$

により表せる．また，過圧密粘土の非排水せん断強さは

$$\tau_f = c_d + \sigma'_f \tan \phi'$$
$$s_u = q_f = c' \cos \phi' + p'_f \sin \phi'$$

により表示できる．ここに，ϕ' は非排水せん断抵抗角，s_u は非排水せん断強さである．

⑥ 破壊時の間隙水圧係数 A_f の値は，正規圧密土では 0.7～1.3 程度であるが，過圧密比が大きくなるほど小さな値を示し，非常に過圧密された粘土では負の値となる．A_f を用いると，等方圧密した正規圧密粘土の強度増加率 s_u/p'_0 は

$$\frac{s_u}{p'_0} = \frac{\sin \phi'}{1+(2A_f-1)\sin \phi'}$$

と表せる．正規圧密粘土の s_u/p'_0 の値は，通例 0.3～0.6 程度である．

⑦ 飽和した砂が非排水条件で繰返しせん断を受けると，過剰間隙水圧が次第に上昇し，ついにはひずみが急増して，過剰間隙水圧が有効拘束圧に等しくなり液状化する．相対密度が大きいほど，液状化に対する抵抗力が大きい．

演習問題

1. 乾燥砂の一面せん断試験を，鉛直応力 $150\,\mathrm{kN/m^2}$ のもとで行ったところ，せん断応力の最大値は $114\,\mathrm{kN/m^2}$ であった．せん断抵抗角の値を求めよ．

2. 三軸試験装置を用いて，飽和砂を $100\,\mathrm{kN/m^2}$ まで等方圧縮した後，非排水状態にして，軸圧を $300\,\mathrm{kN/m^2}$，側圧を $200\,\mathrm{kN/m^2}$ になるまで増加した．間隙水圧係数 $A=0.4$，$B=1.0$ として，間隙水圧の値を求めよ．

3. 飽和した粘土を，排水条件で三軸圧縮せん断し，下表のような結果を得た．

試験番号	1	2	3
$\sigma'_{3f}\,[\mathrm{kN/m^2}]$	50	100	150
$\sigma'_{1f}\,[\mathrm{kN/m^2}]$	212	328	454

   (1) モールの応力円を描き，排水強度定数 c_d，ϕ_d を求めよ．
   (2) p'-q 面上に破壊点をプロットし，c_d，ϕ_d を求めよ．
   (3) 破壊面の角度を推定せよ．

4. $c'=0$，$\phi'=25°$，$A_f=0.8$ の飽和した正規圧密粘土の供試体を，$100\,\mathrm{kN/m^2}$ まで等方圧密した後，側圧を一定に保ち，排水および非排水条件でそれぞれ三軸圧縮せん断した．
   (1) 排水せん断での破壊時の最大主応力の値を推定せよ．
   (2) 非排水せん断での，破壊時の最大・最小有効主応力，および過剰間隙水圧の値を推定せよ．

5. $c'=0$，$\phi'=20°$ の粘土の，非圧密非排水 (UU) 試験，圧密非排水 (CU) 試験，圧密排水 (CD) 試験を行った．どの試験も，$200\,\mathrm{kN/m^2}$ まで等方圧密した後，側圧一定の条件で実施した．
   (1) UU 試験では破壊時の過剰間隙水圧が $120\,\mathrm{kN/m^2}$ であった．非排水せん断強さ s_u を求め，破壊時のモール円を描け．
   (2) CU 試験では，非排水せん断強さが $170\,\mathrm{kN/m^2}$ であった．破壊時の過剰間隙水圧の値を求め，モール円を描け．
   (3) CD 試験での破壊時の最大主応力の値を推定せよ．

土圧理論

第6章

掘削工事における山留め壁

　土と接する構造物は土から圧力を受ける．これを土圧という．例えば，擁壁には，その背後の地盤から水平方向に土圧が作用する．また，地盤中にある地下鉄トンネルには周囲から土圧が作用する．さらに，地面を掘削する際に地盤が崩れてくるのを防ぐために，山留め壁と呼ばれる仮設構造物が構築されるが，この山留め壁にも土圧が作用する．それゆえ，これらの構造物を設計したり，安全性を検討するためには，外力としての土圧を求める必要がある．この章では，土圧を算定するための理論とその方法を学ぶ．さらに，土圧に対する擁壁や山留め壁の安定性についても述べる．

第6章 土圧理論

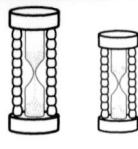

1 土圧の種類と定義

図6・1に示すように，擁壁や岸壁には水平方向に押す土圧が加わっている．地中構造物にはさらに鉛直方向にも土圧が作用している．また，岸壁のように地下水位が浅い場合には水圧も加わっている．土圧と水圧を合わせて側圧と呼ぶこともある．擁壁や岸壁に加わる水平方向の土圧は背後地盤から加わる値と前面地盤から加わる値が異なる．

図6・2に示すように擁壁が背後地盤から押されて少し転倒しかけたとき，背後地盤では壁体が土から離れようとし，前面地盤では壁体が土を押すことになる．前者を主働状態，後者を受働状態と呼ぶ．両者で同じ深さにある土の要素 A, P に加わる圧力を考えてみると，同図 (b), (c) のように鉛直方向の有効上載圧 σ'_v が同じであるのに，水平方向の土圧は大きく異なる．これはもし壁体が動かない静

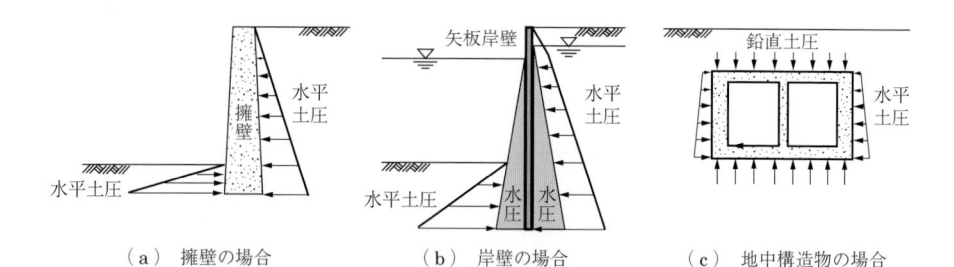

（a）擁壁の場合　　（b）岸壁の場合　　（c）地中構造物の場合

図 6・1　構造物に作用する土圧の例

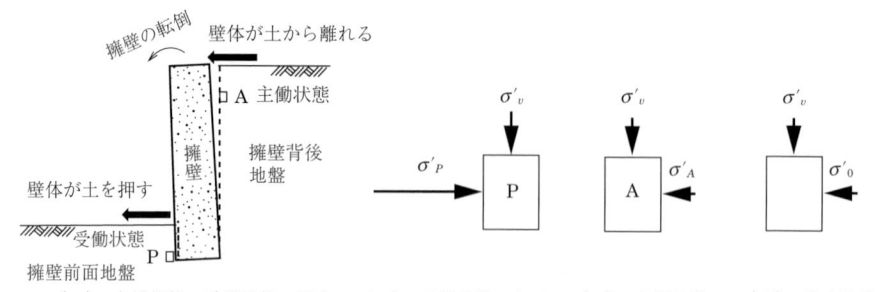

（a）主働状態，受働状態の概念　（b）受働状態の土圧　（c）主働状態の土圧　（d）静止状態の土圧

図 6・2　主働土圧，受働土圧，静止土圧の違い

止状態であったら同図 (d) のように水平方向の土圧 σ_h' は σ_v' の半分程度であったものが，壁体が離れていくと小さくなり，壁体が地盤に押し込まれてくると大きくなるからである．

したがって，壁体の変位量との関係で水平方向の土圧が**図 6·3** のように異なってくる．それぞれ最小，最大になったときの土圧を主働土圧 σ_A'，受働土圧 σ_P' と呼ぶ．言い換えると，一定の鉛直圧のもとで水平圧が減少して，水平に膨らむように破壊した状態での水平圧が主働土圧であり，逆に一定の鉛直圧のもとで水平圧が増加して，地盤が水平に押されて破壊した状態での水平圧が受働土圧である．したがって，擁壁が地盤内に根入れされている場合には，**図 6·4** に示すように主働土圧は背後地盤に，受働土圧は前面地盤の根入れ部に加わる．

このように構造物に作用する土圧は，地盤の破壊状態と密接な関係にあるので，地盤の破壊状態を仮定して土圧を算定することが行われてきた．壁の背後地盤全体が破壊に達した状態を仮定して土圧を導き出すのがランキンの土圧理論（Rankine's earth pressure theory）であり，壁の背後地盤がくさび状にすべる状態を仮定して，力の釣合い状態から土圧を導き出すのがクーロンの土圧理論（Coulomb's earth pressure theory）である．

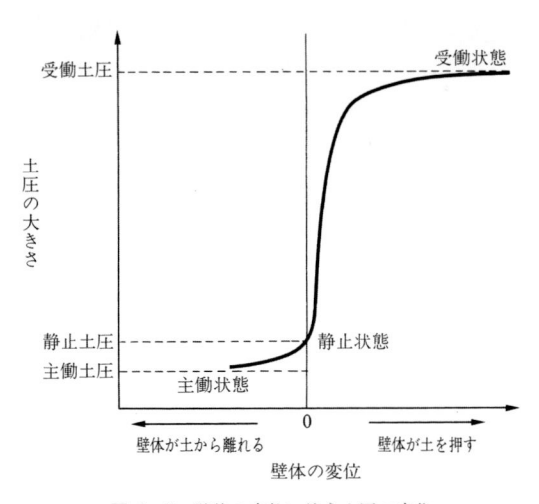

図 6・3　壁体の変位に伴う土圧の変化

第6章 土圧理論

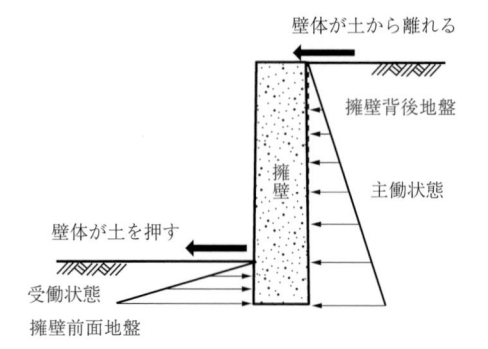

図6・4 根入れを有する擁壁に加わる主働土圧と受動土圧

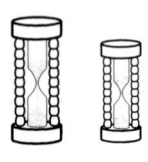

2 ランキンの土圧理論

1 ランキンの土圧係数

3・3節で述べたように地盤内の任意の面に作用する応力は，モールの応力円で表すことができる．ある面でのせん断応力が大きくなり破壊線に達すると塑性破壊状態になる．ランキンは，この塑性状態における応力から土圧を導き出した．まず，地表面が水平で粘着力がある粘性土地盤のランキン土圧を導くことにする．深さ h における有効鉛直応力 σ'_v と有効水平応力 σ'_h を主応力として，モールの応力円を描くと，図6・5に示すように破壊線に接する塑性状態におけるモールの応力円は二つある．一つは有効水平応力 σ'_h を最小主応力とする場合であり，主働状態に対応する．他方は，有効水平応力 σ'_h が最大主応力となる受働状態である．そこで，主働状態の σ'_h を σ'_A とし，受働状態の σ'_h を σ'_P と表すことにする．さらに，粘着力とせん断抵抗角についても有効応力表示として，それぞれ c'，ϕ' と表す．

まず，粘着力を有する粘性土の土圧を求める．第5章より

$$\frac{\sigma'_v - \sigma'_A}{2} = c' \cos \phi' + \frac{\sigma'_v + \sigma'_A}{2} \sin \phi' \qquad (6 \cdot 1)$$

であるから

6・2 ランキンの土圧理論

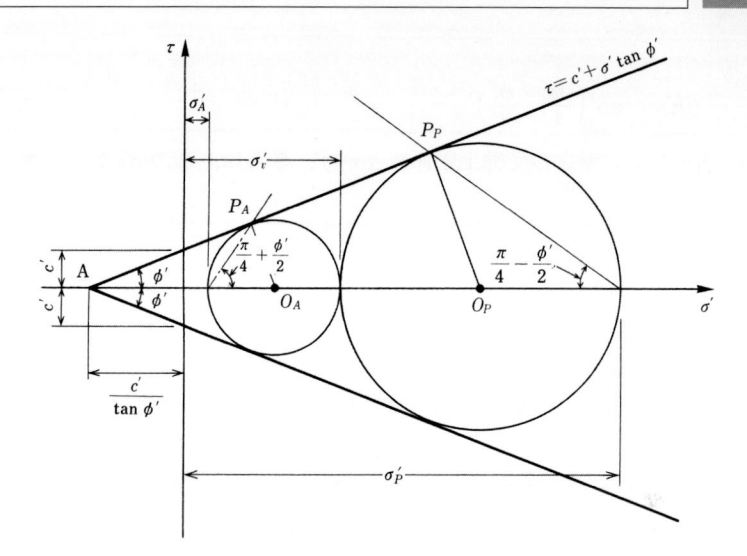

図 6・5 粘着力を有する土の主働状態と受働状態のモールの応力円

$$\sigma'_A = \frac{1-\sin\phi'}{1+\sin\phi'}\sigma'_v - 2c'\frac{\cos\phi'}{1+\sin\phi'}$$

$$= \tan^2\left(\frac{\pi}{4}-\frac{\phi'}{2}\right)\sigma'_v - 2c'\tan\left(\frac{\pi}{4}-\frac{\phi'}{2}\right)$$

$$= K_A \sigma'_v - 2c'\sqrt{K_A} \qquad (6\cdot2)$$

ここに

$$K_A = \tan^2\left(\frac{\pi}{4}-\frac{\phi'}{2}\right) \qquad (6\cdot3)$$

である．K_A をランキンの主働土圧係数という．そして，この σ'_A がランキンの主働土圧である．

また，受働状態に対して

$$\frac{\sigma'_P - \sigma'_v}{2} = c'\cos\phi' + \frac{\sigma'_P + \sigma'_v}{2}\sin\phi' \qquad (6\cdot4)$$

であるから次式となる．

$$\sigma'_P = \frac{1+\sin\phi'}{1-\sin\phi'}\sigma'_v + 2c'\frac{\cos\phi'}{1-\sin\phi'}$$

$$= \tan^2\left(\frac{\pi}{4}+\frac{\phi}{2}\right)\sigma'_v + 2c'\tan\left(\frac{\pi}{4}+\frac{\phi'}{2}\right)$$

$$= K_P \sigma'_v + 2c'\sqrt{K_P} \qquad (6\cdot5)$$

ここに

$$K_P = \tan^2\left(\frac{\pi}{4} + \frac{\phi'}{2}\right) \tag{6・6}$$

である．K_P をランキンの受働土圧係数という．さらに，この σ'_P がランキンの受働土圧である．

土に粘着力がない場合には $c'=0$ を式 (6・2) に代入すると，主働土圧 σ'_A は

$$\sigma'_A = K_A \sigma'_v \tag{6・7}$$

となる．同様に式 (6・5) に $c'=0$ を代入すると，受働土圧 σ'_P は

$$\sigma'_P = K_P \sigma'_v \tag{6・8}$$

となり，主働土圧係数，受働土圧係数が，それぞれ $c'=0$ の場合の主働状態，受働状態の有効鉛直応力と有効水平応力の比を表していることがわかる．

ところで，ランキンの土圧理論は塑性状態，すなわち地盤が破壊した状態が仮定されているが，このときのすべり線は，主働土圧状態と受働土圧状態では異なる．すなわち，図 6・6 に示すようなすべり面が発生することになる．

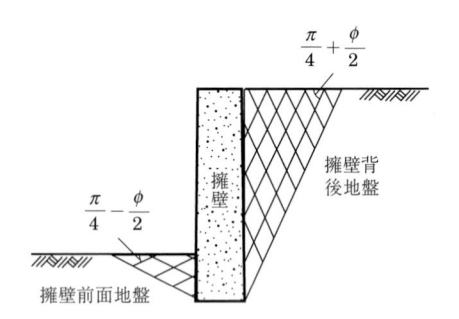

図 6・6　ランキンの土圧理論におけるすべり面

2　深さ方向の土圧変化と合土圧

地下水位が擁壁の下端より低く単一な地層の場合，深さ z における鉛直土圧は $\sigma'_v = \sigma_v = \gamma_t z$ である．さらに，土に粘着力がないときには，深さ z における主働土圧と受働土圧 σ_A，σ_P は

$$\sigma_A = \sigma'_A = K_A \sigma'_v = \tan^2\left(\frac{\pi}{4} - \frac{\phi'}{2}\right)\gamma_t z \tag{6・9}$$

$$\sigma_P = \sigma'_P = K_P \sigma'_v = \tan^2\left(\frac{\pi}{4} + \frac{\phi'}{2}\right)\gamma_t z \qquad (6・10)$$

である．この場合，式 (6・9)，(6・10) から，深さ z における水平土圧の値は，深さ z とともに大きくなるのがわかる．図 6・7 に示すように，土圧は深さ方向に三角形分布となる．

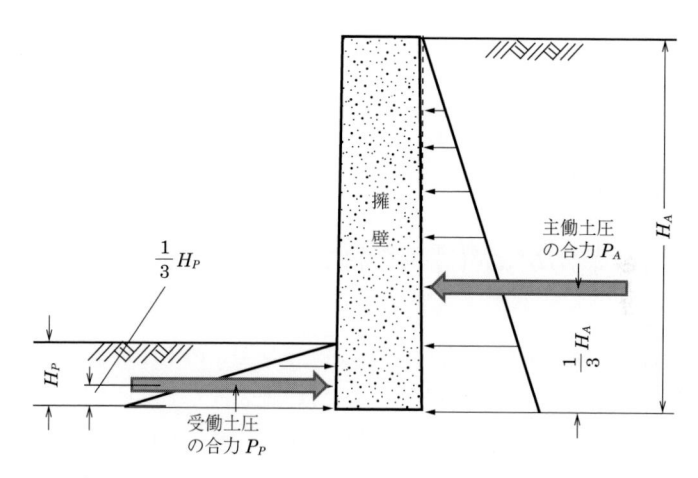

図 6・7 深さ方向における水平土圧の変化とその合力の作用位置

さらに，このとき擁壁に加わる全水平土圧は，式 (6・9)，(6・10) を深さ z で積分して求められる．擁壁高さを H_A，根入れ深さを H_P とすると，全主働土圧 P_A，全受働土圧 P_P は

$$P_A = \int_0^{H_A} \sigma_A dz = \frac{1}{2}\gamma_t H_A^2 \tan^2\left(\frac{\pi}{4} - \frac{\phi'}{2}\right)$$
$$= K_A \frac{1}{2}\gamma_t H_A^2 \qquad (6・11)$$
$$P_P = \int_0^{H_P} \sigma_P dz = \frac{1}{2}\gamma_t H_P^2 \tan^2\left(\frac{\pi}{4} + \frac{\phi'}{2}\right)$$
$$= K_P \frac{1}{2}\gamma_t H_P^2 \qquad (6・12)$$

となる．そして，全主働土圧の作用線の位置は地表から $(2/3)H_A$ のところにある．

次に，土に粘着力があり，しかも地下水位が擁壁下端より低く，単一層からなる場合の土圧を求める．この場合には，深さ z における主働土圧と受働土圧 σ_A，

σ_P は

$$\sigma_A = \sigma'_A = \gamma_t z \tan^2\left(\frac{\pi}{4}-\frac{\phi'}{2}\right) - 2c' \tan\left(\frac{\pi}{4}-\frac{\phi'}{2}\right) \qquad (6 \cdot 13)$$

$$\sigma_P = \sigma'_P = \gamma_t z \tan^2\left(\frac{\pi}{4}+\frac{\phi'}{2}\right) + 2c' \tan\left(\frac{\pi}{4}+\frac{\phi'}{2}\right) \qquad (6 \cdot 14)$$

となる．さらに全土圧は

$$P_A = \int_0^{H_A} \sigma_A dz$$
$$= \frac{1}{2}\gamma_t H_A{}^2 \tan^2\left(\frac{\pi}{4}-\frac{\phi'}{2}\right) - 2c' H_A \tan\left(\frac{\pi}{4}-\frac{\phi'}{2}\right) \qquad (6 \cdot 15)$$

$$P_P = \int_0^{H_P} \sigma_P dz$$
$$= \frac{1}{2}\gamma_t H_P{}^2 \tan^2\left(\frac{\pi}{4}+\frac{\phi'}{2}\right) + 2c' H_P \tan\left(\frac{\pi}{4}+\frac{\phi'}{2}\right) \qquad (6 \cdot 16)$$

となる．

擁壁に加わる主働土圧を対象にした場合，ランキンの土圧理論によると図6・8(a)に示すように，土に粘着力がある場合には，地表近くでは見かけ上主働土圧の値は負をとり，深くなるにつれて直線的に増加し，z_c においてゼロとなる．これは擁壁がある場合には擁壁を背後の土が引っ張ることになり，実際にはこのようなことはおきない．そこで，同図 (b) のように負となる部分の土圧は無視して擁壁に加わる主働土圧の設計を行うことも行われる．

一方，地表面から掘削を行う場合には，土に粘着力があると図6・8(c) に示すように z_c の深さまでは掘削部分に向かって土圧が働かないため，土が崩れてくることはない．さらに，z_c の2倍の深さの H_c までは合力として正の土圧にならないた

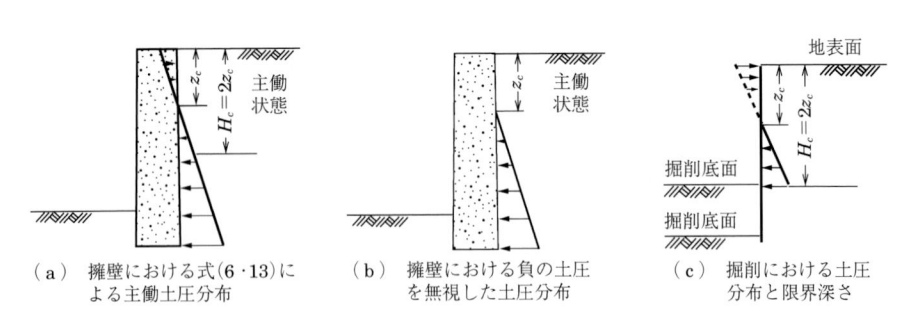

(a) 擁壁における式(6・13)による主働土圧分布

(b) 擁壁における負の土圧を無視した土圧分布

(c) 掘削における土圧分布と限界深さ

図 6・8 粘着力がある場合のランキンの主働土圧の分布

め，もし土留め壁があっても掘削部分に向かって押し出されることがない，つまり土留め壁がなくても土が崩れないとみなされる．この値を限界深さと呼ぶ．H_c は式 (6・15) において全主働土圧がゼロ，つまり $P_A=0$ となる深さであり，

$$H_c = \frac{4c'}{\gamma_t}\tan\left(\frac{\pi}{4}+\frac{\phi'}{2}\right) \tag{6・17}$$

となる．

3　上載荷重による土圧の増加

擁壁背後の地表面に構造物などの荷重が加わると土圧が増える．この上載荷重が等分布荷重 q と仮定できるとき，鉛直土圧はどの深さでも q だけ増加する．この結果，粘着力がない場合には，q による主働土圧と受働土圧の増分 $\Delta\sigma'_A$ と $\Delta\sigma'_P$ は，式 (6・7)，(6・8) より

$$\Delta\sigma'_A = qK_A = q\tan^2\left(\frac{\pi}{4}-\frac{\phi'}{2}\right) \tag{6・18}$$

$$\Delta\sigma'_P = qK_P = q\tan^2\left(\frac{\pi}{4}+\frac{\phi'}{2}\right) \tag{6・19}$$

となる．上式から，q による水平土圧の増分も深さ z によらず一定となるのがわかる．

したがって，水平な地表面に上載荷重が存在するときに，深さ z の擁壁背面に作用する主働土圧 σ'_A，受働土圧 σ'_P は，粘着力がある場合には式 (6・13)，(6・14)

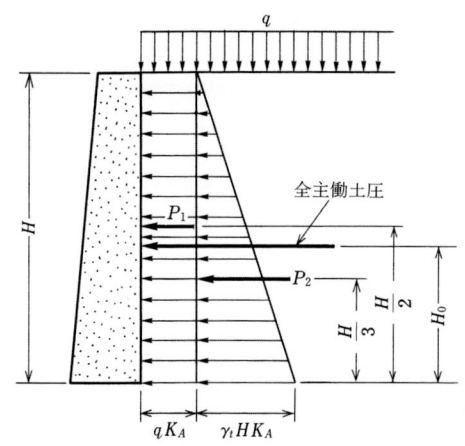

P_1：上載荷重 q による主働土圧
P_2：土の自重による主働土圧
H_0：全主働土圧の作用位置

図 6・9　上載荷重による主働土圧の増大

に，粘着力がない場合には式 (6・9)，(6・10) に式 (6・18)，(6・19) を加えて求めればよい．このとき，土に粘着力がない場合，主働土圧は図 6・9 に示すように台形分布となる．

4 仮想背面の考え方

ランキン土圧は鉛直な壁面に作用する応力として算定されているが，実際には擁壁背面は直立ではないことが多い．この場合，図 6・10 に示すように鉛直な仮想背面を想定して，これに加わる土圧をランキンの土圧式で求めて，擁壁の安定性を検討することが行われる．

（a） 擁壁背面が傾斜している場合　　　（b） 擁壁に控え壁がある場合

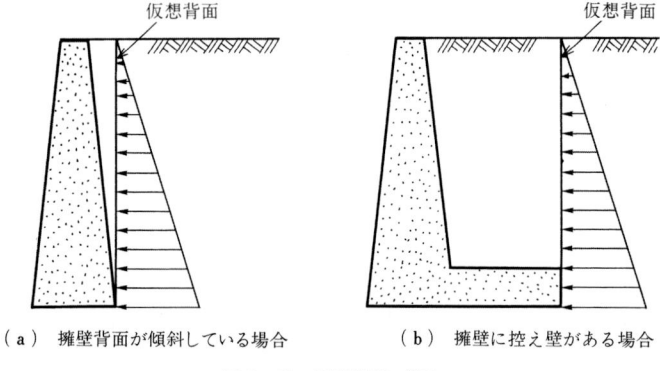

図 6・10　仮想背面の導入

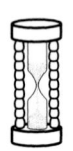

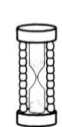

3　クーロンの土圧理論

クーロンは，図 6・11 に示すように擁壁背後の地盤がくさび状の塊で滑動すると仮定して，壁体に作用する土圧を求めた．クーロンの土圧理論でも，土塊がすべり落ちて擁壁を押す場合（主働状態）と擁壁が背面の地盤を押して土塊が押し上げられる場合（受働状態）を考えることができ，それぞれの状態における力の釣合いから，主働土圧と受働土圧が算定される．クーロンの土圧理論は，壁面と土の摩擦を考慮することができる．また，擁壁背面が傾斜している場合や背後の地表面が傾斜している場合でも，土圧が算定できるので適用性が広い．

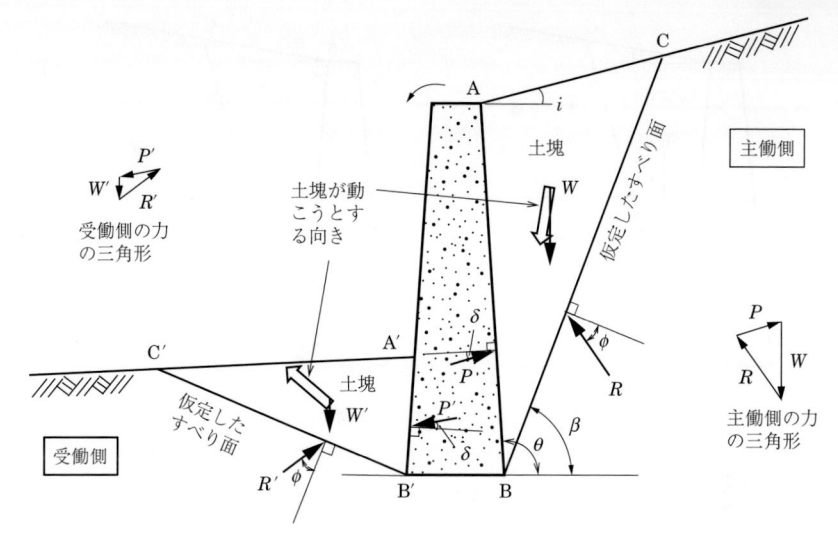

図 6・11 クーロンの土圧理論-土のブロックに働く力の釣合い

　粘着力がない土の場合，図 6・11 に示す主働状態において，土塊に作用する力は，土塊の重量 W，地盤の反力 R および擁壁の反力 P である．これら三つの力で力の三角形が形成され，その合力はゼロとなる．同様に，受働状態でも力の三角形が形成され，この三角形より幾何学的に土圧を算定することができる．なお，図 6・11 における θ は壁体背面の傾斜角，i は壁体背後の地盤の傾斜角，β は壁体背後の地盤に発生するすべり面の角度，δ は壁体背面と地盤との間の摩擦角，そして ϕ は背後地盤のせん断抵抗角である．

　まず，主働状態における力の釣合いから考える．W は鉛直方向に作用しているので，これを基準に △ABC の内角を順に定める．図 6・12 に示すように W と R のなす角度は $(\beta-\phi)$，図 6・13 に示すように P と W のなす角度は $\pi-(\delta+\theta)$ である．したがって，残りの角度である R と P のなす角度は $(\theta+\delta-\beta+\phi)$ となる．△ABC のすべての内角が定まったので，三角形の辺と角の関係より

$$\frac{P}{\sin(\beta-\phi)}=\frac{W}{\sin(\theta+\delta-\beta+\phi)} \qquad (6\cdot20)$$

したがって，壁体反力 P は

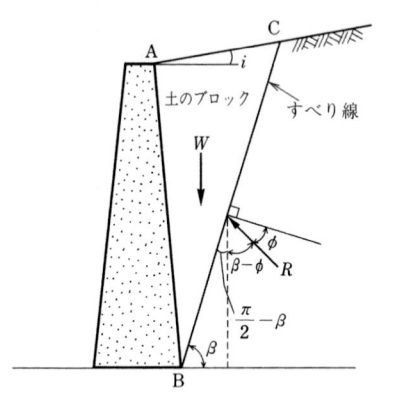

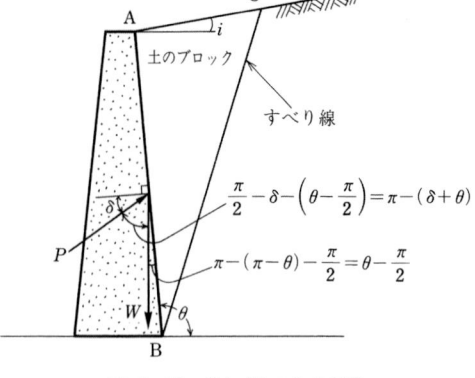

図 6・12　W と R のなす角度

図 6・13　P と W のなす角度

$$P = \frac{\sin(\beta-\phi)}{\sin(\theta+\delta-\beta+\phi)}W \tag{6・21}$$

となる．単位奥行きに対する土塊の重量 W は，土の単位体積重量を γ_t とすると

$$W = \gamma_t \cdot \triangle ABC の面積 \tag{6・22}$$

である．そこで，**図 6・14** を参考にして $\triangle ABC$ の面積を求めると

$$\triangle ABC の面積 = \frac{1}{2} AB \cdot BC \cdot \sin(\theta-\beta) \tag{6・23}$$

となる．また

$$\frac{BC}{\sin(\pi-\theta+i)} = \frac{AB}{\sin(\beta-i)} \tag{6・24}$$

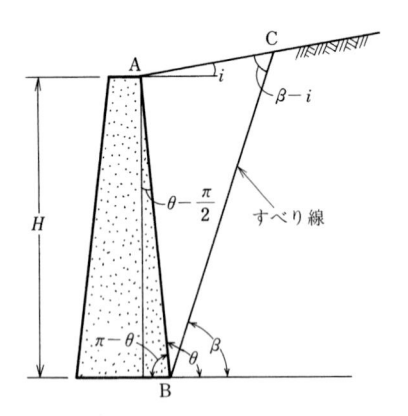

図 6・14　クーロン土圧の算定に必要な土のブロックの面積の算出

したがって

$$\mathrm{BC} = \mathrm{AB}\frac{\sin(\pi-\theta+i)}{\sin(\beta-i)} = \mathrm{AB}\frac{\sin(\theta-i)}{\sin(\beta-i)} \tag{6・25}$$

となる．ところで

$$\mathrm{AB} = \frac{H}{\sin(\pi-\theta)} = \frac{H}{\sin\theta} \tag{6・26}$$

なので

$$W = \frac{1}{2}\gamma_t H^2 \frac{\sin(\theta-\beta)\sin(\theta-i)}{\sin^2\theta\sin(\beta-i)} \tag{6・27}$$

となり，式 (6・21) に代入すると

$$P = \frac{1}{2}\gamma_t H^2 \frac{\sin(\theta-\beta)\sin(\theta-i)}{\sin^2\theta\sin(\beta-i)} \frac{\sin(\beta-\phi)}{\sin(\theta+\delta-\beta+\phi)} \tag{6・28}$$

となる．壁体反力 P と背後地盤が擁壁の及ぼす力とは作用反作用の関係にあるので，力の作用方向を逆向きにすれば，P は背後地盤が擁壁に及ぼす力となる．ところで，式 (6・28) で与えられる P は，すべり面の角度 β の値によって変化するが，P が最大になるすべり角度のときの力が壁体に作用する主働土圧の合力といえる．そこで，式 (6・28) を β で微分すると P の最大値，すなわち，主働土圧の合力 P_A は以下のようになる．

$$P_A = \frac{1}{2}\gamma_t H^2 K_A \tag{6・29}$$

ここで

$$K_A = \frac{\sin^2(\theta-\phi)}{\sin^2\theta\sin(\theta+\delta)\left[1+\sqrt{\dfrac{\sin(\delta+\phi)\sin(\phi-i)}{\sin(\theta+\delta)\sin(\theta-i)}}\right]^2} \tag{6・30}$$

ここに，K_A をクーロンの主働土圧係数という．

同様にして，図 6・11 の関係より受働土圧の合力 P_P と受働土圧係数 K_P は次式のように求まる．

$$P_P = \frac{1}{2}\gamma_t H^2 K_P \tag{6・31}$$

$$K_P = \frac{\sin^2(\theta+\phi)}{\sin^2\theta\sin(\theta-\delta)\left[1-\sqrt{\dfrac{\sin(\delta+\phi)\sin(\phi+i)}{\sin(\theta-\delta)\sin(\theta-i)}}\right]^2} \tag{6・32}$$

ここで，K_P をクーロンの受働土圧係数という．

ところで，壁面と土塊との間に摩擦がなく（$\delta=0$），擁壁背面が直立しており

($\theta=\pi/2$),背後の地表面が水平である場合 ($i=0$) には,式 (6·30),(6·32) は,式 (6·11),(6·12) の K_A,K_P と等しくなり,クーロン土圧はランキン土圧と一致する.このように,ランキン土圧理論が適用できるケースでは,クーロン土圧とランキン土圧は等しくなる.なお,クーロンの土圧理論では,土圧の合力の作用点は定まらない.

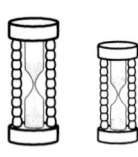

4 土圧に対する構造物の安定の検討

1 擁壁の安定性

図 6·15 に示す擁壁は,宅地や盛土などの土留めとして広く使われている構造物である.擁壁は土圧の作用によって,擁壁は前へ動き出したり,傾いたりする.それゆえ,土圧によって擁壁が滑動や転倒しないように設計する必要がある.

図 6·15 を例に考えれば,地表面が水平であるので主働土圧と受働土圧は水平方向に働く.擁壁背後の主働土圧の合力 P_A が滑動させる外力となり,擁壁前面に働く受働土圧の合力 P_P と擁壁底版と地盤との間に働く摩擦力 F が滑動に抵抗する力となる.このとき,滑動に対する安全率 F_s は

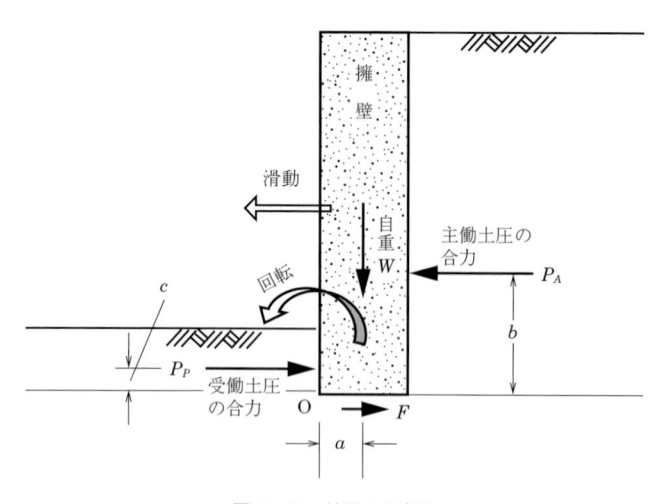

図 6·15 擁壁の安定性

$$F_s = \frac{P_P + F}{P_A} \tag{6・33}$$

となる．ここで摩擦力 F は擁壁の自重 W に擁壁底版と地盤との間の摩擦係数をかけたものである．なお，実務では安全側に考えて受働土圧の抵抗効果を無視することも多い．

　擁壁が傾くかどうかは，土圧による転倒モーメントと擁壁の自重による回転モーメントの釣合いで決まる．まず，擁壁を前に傾けるのは，擁壁前面の下部 O を回転中心とした主働土圧による転倒モーメントである．その逆に擁壁を安定させようとするのは擁壁自重による回転モーメントと，受働土圧による回転モーメントである．このとき，転倒に対する安全率 F_t は

$$F_t = \frac{W \times a + P_P \times c}{P_A \times b} \tag{6・34}$$

となる．ただし，a は擁壁自重の作用点位置と回転中心までの距離，b，c はそれぞれ主働土圧，受働土圧の合力の作用点位置から回転中心までの距離である．

　さらに，地盤が擁壁を支えることができる強度を持っていることも必要である．もし，地盤に十分な強度がないと，擁壁はその重さで沈下してしまう．

　ところで，擁壁下の地盤には擁壁自重による鉛直荷重 W と主働土圧の合力 P_A によって生じる三角形分布荷重が作用している．図 6・16 に示すように W と P_A の合荷重 R に対する地盤反力の鉛直成分は台形分布または三角形分布となり，こ

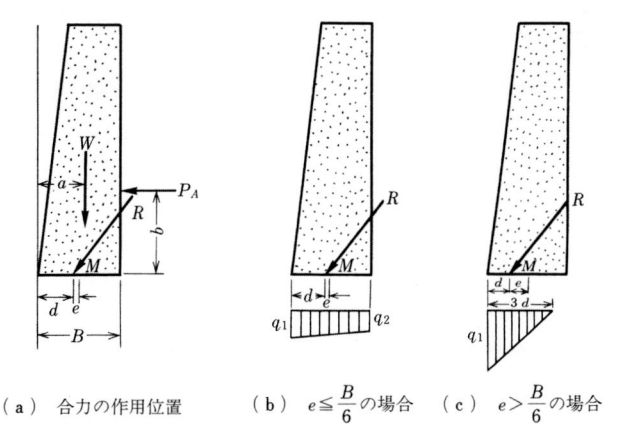

（a）合力の作用位置　　（b）$e \leqq \dfrac{B}{6}$ の場合　　（c）$e > \dfrac{B}{6}$ の場合

図 6・16　擁壁底版に作用する地盤反力

の荷重に対しても地盤の支持力を検討しなければならない．なお，同図の e は底版中央 M から合荷重の作用点までの偏心距離である．

2 切ばりのある矢板山留め壁の安定性

上下水道管やガス管の埋設工事，地下鉄工事あるいはビルの基礎工事など，地盤を掘削する必要がしばしば生じる．このとき，図 6·17 に示すように，地盤が崩れないように矢板と切ばりなどで掘削面を支える工法が採用されることが多い．これを山留め壁という．地下水位が浅い場所では矢板には土圧と地下水圧が作用する．これを合わせて側圧と呼ぶ．山留め壁が側圧に対して安定であるためには，矢板を十分な深さまで根入れをし，必要に応じて矢板を支える切ばりを入れなければならない．

山留め壁に作用する側圧は，掘削の途中段階における山留め壁のたわみかたによって複雑に変化する．したがって，経験にもとづいて側圧を設定する方法も実務では用いられているが，単純化して，ランキンの土圧論を用いて主働土圧係数 K_A と受働土圧係数 K_P を求め，これに水圧 u を加えて，以下の式で求めることもできる．

$$\text{掘削背面（外側）の側圧} = K_A \sigma_v' - 2c'\sqrt{K_A} + u \quad (6\cdot35)$$

$$\text{掘削前面（内側）の側圧} = K_P \sigma_v' + 2c'\sqrt{K_P} + u \quad (6\cdot36)$$

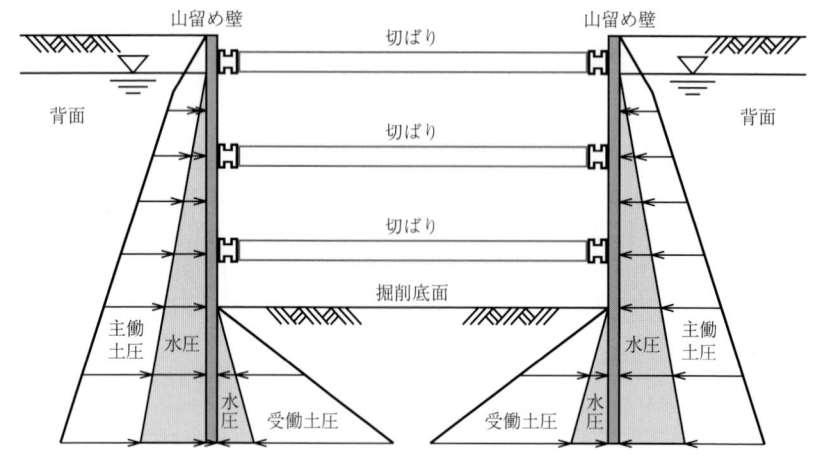

図 6·17　山留め壁に作用する土圧と水圧

ただし，掘削背面の側圧は水圧を下回らないものとする．

山留め壁の根入れ長さは，図 6・18 に示すように，最下段の切ばり位置を回転中心とする，主働土圧によるモーメントと受働土圧による回転モーメントの釣合いから定められる．山留め壁の根入れが不十分な場合には，受働土圧が小さくなり，主働土圧によるモーメントに対抗することができなくなってしまう．

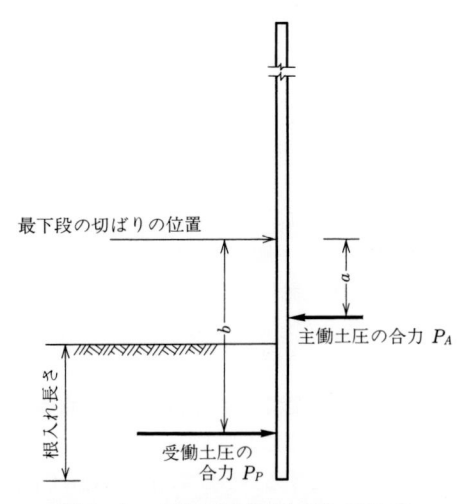

図 6・18 山留め壁の根入れ長さの求め方

まとめ

① 擁壁などに作用する土圧は土と構造物の相対的な変位によって異なる．擁壁などが土から離れるように動く場合，動かない場合，そして土を押すように動く場合に加わる土圧を，それぞれ主働土圧，静止土圧，受働土圧と呼ぶ．その値は主働土圧，静止土圧，受働土圧の順で大きくなる．

② ランキンの土圧理論では，土圧は地盤中の応力状態がモールの応力円の破壊線に達した塑性状態を仮定して算定され，クーロンの土圧理論では地盤がくさび状の土塊になった状態を仮定して算定される．

③ ランキン土圧は鉛直な壁面に作用する応力として土圧が算定されているので，擁壁背面が直立でない場合や控え壁などがある場合には，鉛直な仮想背面が想定される．

演 習 問 題

1. 図に示すような擁壁の背面と前面に作用する土圧の合力とその作用線の位置をランキンの土圧理論により求めよ．ただし，地盤は均質な土よりなり，地下水は存在しないものとする．また，土の湿潤密度 ρ_t は $1.80\,\text{t/m}^3$，せん断抵抗角 ϕ' は $30°$ とし，土に粘着力はないものとする．

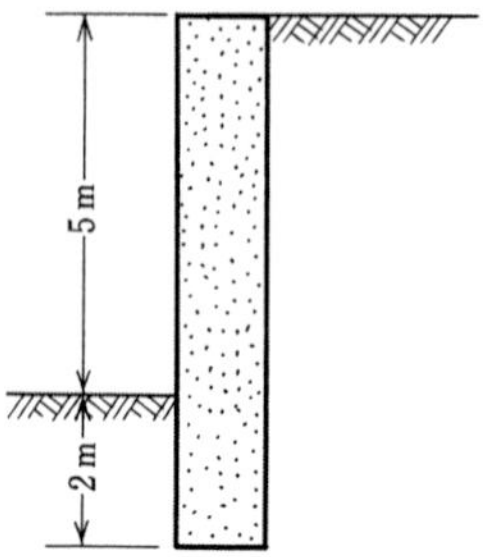

2. 図に示すように，擁壁背後の地表面に等分布荷重が作用するとき，擁壁に作用する主働土圧の分布とその合力をランキンの土圧理論により求めよ．また，擁壁に作用する水圧分布とその合力も求めよ．

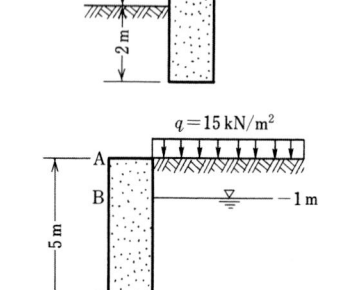

 ただし，地下水面より上の土の湿潤密度 ρ_t は $1.70\,\text{t/m}^3$，地下水面下の土の飽和密度は $1.90\,\text{t/m}^3$ である．また，せん断抵抗角 ϕ' は $30°$ とし，土に粘着力はないものとする．そして，地下水面は地表より $1\,\text{m}$ 下にあるものとする．

3. 図に示すように擁壁背後の地表面が傾斜している場合，クーロンの土圧理論により主働土圧の合力を求めよ．ただし，地盤は均質な土からなり，地下水は存在しないものとする．また，土の湿潤密度 ρ_t は $1.80\,\text{t/m}^3$，せん断抵抗角 ϕ' は $30°$ とし，土に粘着力はないものとする．さらに，壁面と地盤との摩擦角 δ は $16°$ とする．

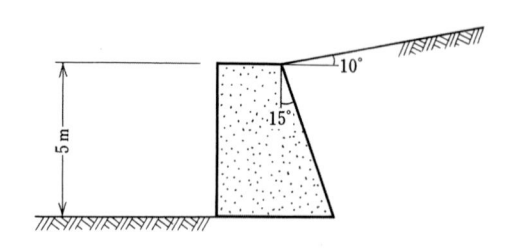

演 習 問 題

4 図に示す擁壁のすべりと転倒に対する安全率を求めよ．
　　ただし，地盤は均質な土よりなり，土の湿潤密度 ρ_t は 1.80t/m³，せん断抵抗角 ϕ' は 30° とする．また，土に粘着力はなく，地下水もないものとする．擁壁の密度は 2.4 t/m³ とし，擁壁下部と地盤の間に働く摩擦係数は 0.7 とする．

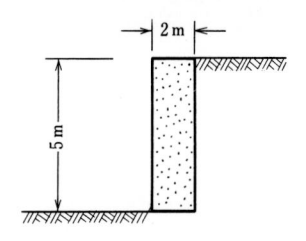

地盤の支持力

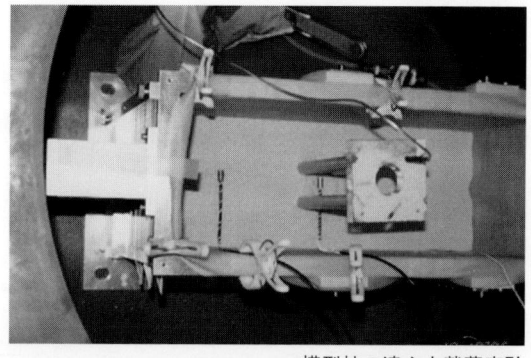

第7章

模型杭の遠心力載荷実験

　構造物の自重や外力を地盤に伝達する部分を基礎 (foundation) という．基礎の形式は様々であり，上部構造物の重量や地盤の硬さに応じて，適切なものを選択する必要がある．硬い地盤は地表付近で構造物を支えることができるので，浅い基礎 (shallow foundation) と呼ばれる基礎形式が用いられる．これに対して，軟弱な地盤では深いところにある硬い地層に届く基礎を構築し構造物を支える必要がある．このような基礎を深い基礎 (deep foundation) という．基礎に加わる荷重が大きすぎると，地盤は構造物を支えきれずに破壊し，構造物は大きく沈下したり傾いたりする．また，地盤が破壊に至らなくとも，構造物の沈下が限度を越えると，構造物の機能に支障が生じる場合もある．それゆえ，基礎の設計にあたっては，基礎の支持力や沈下に関する検討が不可欠である．この章では，このような見地から地盤の支持力について述べる．

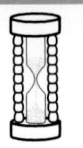

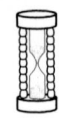

1 構造物基礎の種類

地表面近くで構造物を支える浅い基礎は直接基礎とも呼ばれ，べた基礎とフーチング基礎に大別できる．べた基礎は**図 7・1**(a)のように構造物底面全体で構造物を支える形式である．フーチング基礎には，同図(b)に示すように，建物の柱や橋脚ごとに基礎を設けて構造物を支える独立フーチング基礎，一連の柱や壁からの荷重を支持する連続フーチング基礎，帯状基礎（布基礎）などがあり，形が脚（foot）に似ていることから，フーチング（footing）と呼ばれる．べた基礎，フーチング基礎ともに，接地面積を拡げて地盤にかかる応力を小さくし，構造物

（a）べた基礎　　　（b）独立フーチング基礎

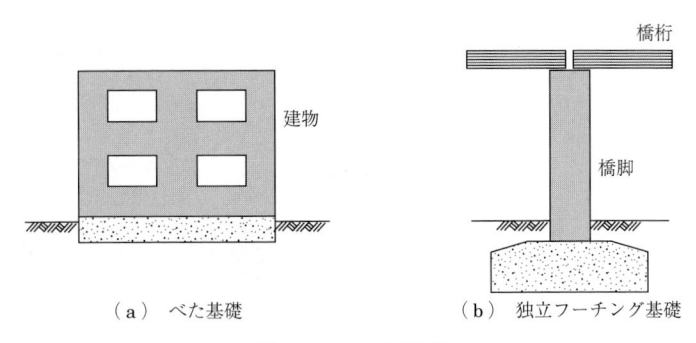

図 7・1 浅い基礎の例

（a）杭基礎　　　（b）ケーソン基礎

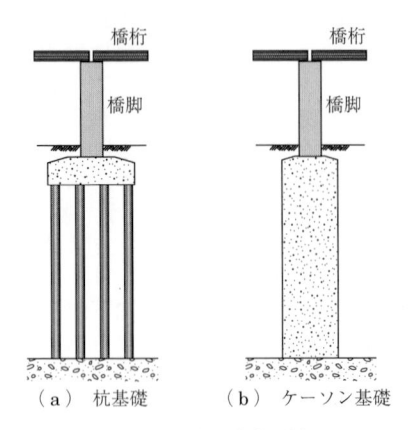

図 7・2 深い基礎の例

を支えている．

　一方，深い基礎には**図 7·2**に示すように，杭（pile）基礎やケーソン（caisson）基礎などがある．杭は杭周面に作用する摩擦力・粘着力や杭先端での支持力で基礎を支える．ケーソン基礎は断面積が大きく，杭基礎よりさらに大きな支持力を必要とされるときに採用される．

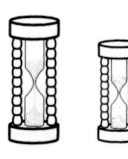

2　浅い基礎の支持力

1　基礎による地盤破壊

　地表面に構造物を建設すると，その自重やそれに作用する鉛直荷重によって沈下が生じ，最悪の場合には地盤がせん断破壊してしまうこともある．**図 7·3**は鉛直載荷試験で観測される，典型的な荷重-沈下曲線と地盤破壊パターンを模式的に示しており，地盤の硬さに応じて二つのタイプに大別できる．

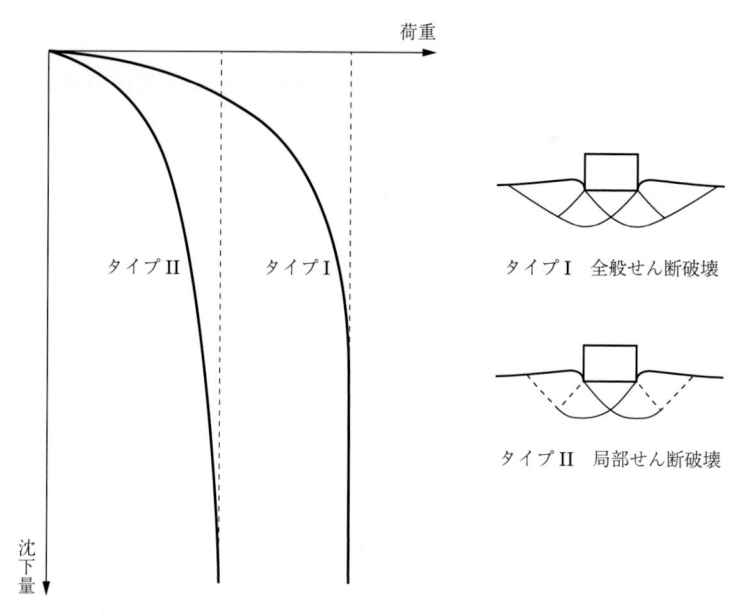

図 7・3　地表面に作用する鉛直荷重と沈下量の関係

硬い地盤の場合には，荷重が限界値に達すると，明瞭な破壊面を伴って急激に破壊が進行する（タイプⅠ）．これを全般せん断破壊（general shear failure）という．これに対して，軟弱な地盤の場合には，荷重の増加につれて沈下量は徐々に大きくなり続け，明確な限界値が現れない（タイプⅡ）．これを局部せん断破壊（local shear failure）という．図7・3で破壊時に対応する荷重を極限支持力（ultimate bearing capacity）という．極限支持力を安全率（safty factor）で割ったものを許容支持力（allowable bearing capacity）と呼び，この値をもとに基礎の設計を行っている．また，沈下量が問題となる構造物では，沈下量の上限，すなわち許容沈下量を定めて，これに基づき設計を行うこともある．これら両者を合わせて，許容地耐力（allowable bearing power）という．

浅い基礎の主な沈下原因には，過大な荷重による地盤破壊，地盤の圧密による沈下，弾性的な沈下などがある．過大な沈下や地盤破壊を防ぐには，予想される載荷荷重と基礎の自重に対して，地耐力を超えないように，フーチングの大きさと根入れ深さを決める必要がある．圧密沈下は，第4章で述べたように，粘性土地盤において生じやすく，事前に予測しておくことが重要である．なお，弾性的な沈下は載荷と同時に生じるので，即時沈下ともいう．

地盤が基礎を支える支持力機構は不明確なことが多いので，一般に安全率は大きめに設定され，通常時は3，地震時などの異常時は1.5〜2程度の値が用いられている．

2 支持力の理論的算定

帯状基礎のような浅い基礎で，その底面が粗である場合，載荷荷重が大きくなると，地盤には図7・4に示すようなせん断破壊が生じる．まず，地表の分布荷重によって基礎直下の土がくさび形（領域Ⅰ，主働くさび）に押されて，基礎が沈下する．その結果，基礎脇の地盤が盛り上がる（領域Ⅲ，受働領域）．極限支持力は，この図に示すように，地盤の崩壊形状を仮定し，剛塑性理論に基づき算定するのが通例である．ここでは，幅 B の帯状基礎底面に鉛直応力 $q=Q/B$ が作用している場合について，図7・5のように主働土圧状態の領域Ⅰと受働土圧状態の領域Ⅲにより崩壊形状をモデル化し，ランキンの土圧理論に基づいて極限支持力を算定してみよう[1]．フーチング基礎は通常図7・1のように地表面を掘り下げて設置するので，地表面に設置した場合に比べると，せん断破壊に対する抵抗力の増

7・2 浅い基礎の支持力

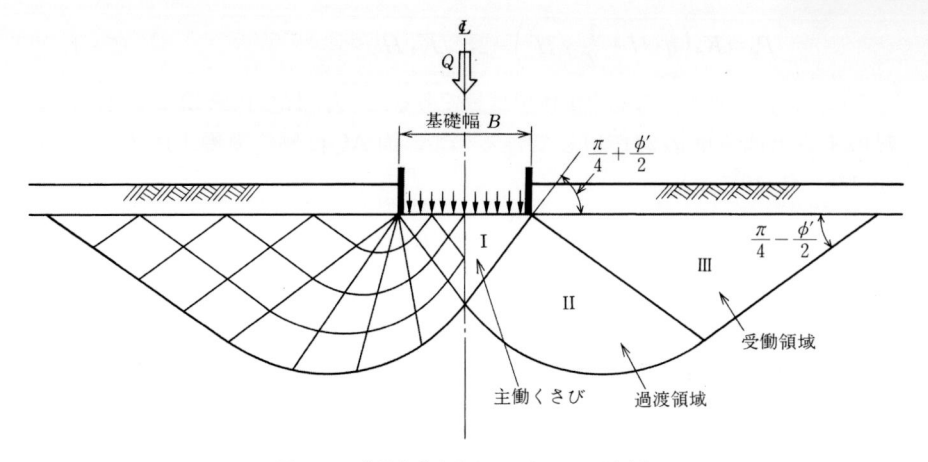

図 7・4 帯状基礎を支える地盤のせん断破壊

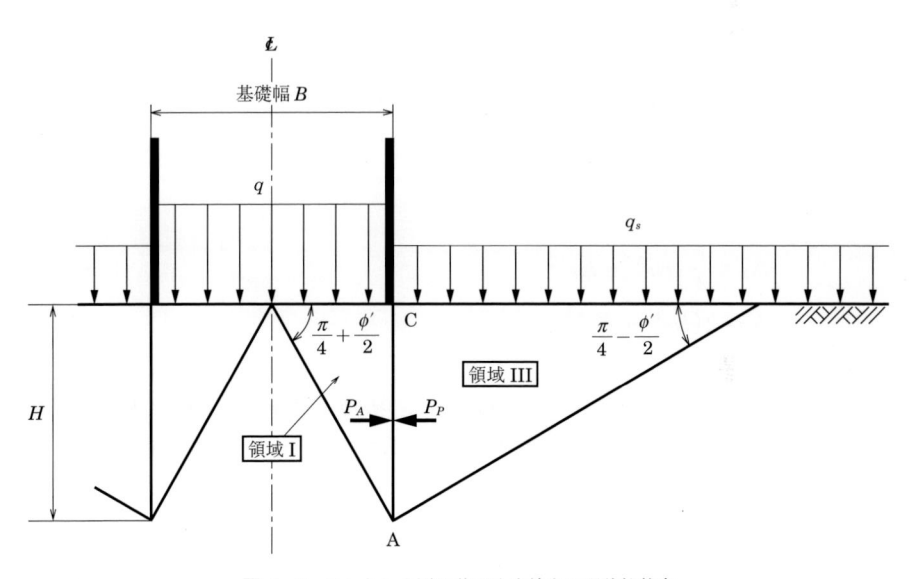

図 7・5 ランキン土圧に基づく支持力の理論的算定

加が見込める．これを根入れ効果というが，簡単のため，図7・5のように上載荷重 q_s に置き換えて極限支持力を算定するのが通例である．

図7・5の領域 I では，上載荷重による鉛直応力 q が作用しているので，面 AC に働く全主働土圧 P_A は，式 (6・15)，(6・18) より，次のようになる．

$$P_A = K_A \left(q \cdot H + \frac{1}{2} \gamma_t H^2 \right) - 2c' \sqrt{K_A} H \tag{7・1}$$

ここに，γ_t は地盤の湿潤単位体積重量である．一方，図の領域 III では根入れに対応する上載荷重 q_s が作用しているので，面 AC に働く受働土圧 P_P は，式 (6・16)，(6・19) より

$$P_P = K_P \left(q_s \cdot H + \frac{1}{2} \gamma_t H^2 \right) + 2c' \sqrt{K_P} H \tag{7・2}$$

で与えられる．これら二つの土圧が釣り合っている，すなわち，$P_A = P_P$ と置くことにより，極限支持力 Q が求められる．式 (6・3)，(6・6) より，$K_A \cdot K_P = 1$ であり，また図 7・5 より

$$H = \frac{B}{2} \tan\left(\frac{\pi}{4} + \frac{\phi'}{2} \right) = \frac{B}{2} \sqrt{K_P} \tag{7・3}$$

と表せることを考慮して，式 (7・1)，(7・2) から q を求めると

$$q = (K_P^{5/2} - K_P^{1/2}) B \frac{\gamma_t}{4} + 2(K_P^{1/2} + K_P^{3/2}) c' + K_P^2 q_s \tag{7・4}$$

となる．ここに，$q = Q/B$ であるから，式 (7・4) は次のように書ける．

$$\frac{Q}{B} = \frac{\gamma_t}{2} B N_\gamma + c' N_c + q_s N_q \tag{7・5}$$

ただし

$$N_\gamma = \frac{1}{2} (K_P^{5/2} - K_P^{1/2}) \tag{7・6}$$

$$N_c = 2 (K_P^{1/2} + K_P^{3/2}) \tag{7・7}$$

$$N_q = K_P^2 \tag{7・8}$$

であり，N_γ, N_c, N_q は支持力係数と呼ばれ，この破壊モデルでは受働土圧係数で表せる．受働土圧係数は土のせん断抵抗角 ϕ' の関数であるから，支持力係数は ϕ' の関数として表示できることになる．なお，この例で採用した図 7・5 の崩壊形状を図 7・4 と比較すると，基礎直下の主働くさびの形状など，実際に観測されるものとは大きく異なっていることがわかる．このため，式 (7・6)～(7・8) で与えられる支持力係数を用いて算定した極限支持力の値は実際よりもかなり小さくなる．

浅い基礎の極限支持力は式 (7・5) の形で算定するのが通例であり，支持力係数 N_γ, N_c, N_q は式 (7・6)～(7・8) とは異なるものの，それぞれせん断抵抗角 ϕ' の関数で与えられる．したがって，極限支持力 Q は，基礎幅 B，土のせん断抵抗角 ϕ' と粘着力 c'，根入れ効果を表す q_s の関数として表せることになる．

3 テルツァーギの支持力公式

　地盤の支持力を求める式は，これまでに数多く提案されている．これらのうちでよく使われるのがテルツァーギの式であり，基礎底面が粗い場合には**図7・6**(a)のような崩壊形状を仮定して支持力係数を求め，式 (7・5) により支持力を計算する．なお，N_c，N_q の算定にあたっては土の自重を無視しており，また，N_γ の算定にあたっては粘着力と根入れによる上載荷重の影響を無視している[2]．同図 (b) はこうして求められた支持力係数をせん断抵抗角 ϕ' の関数として示している．

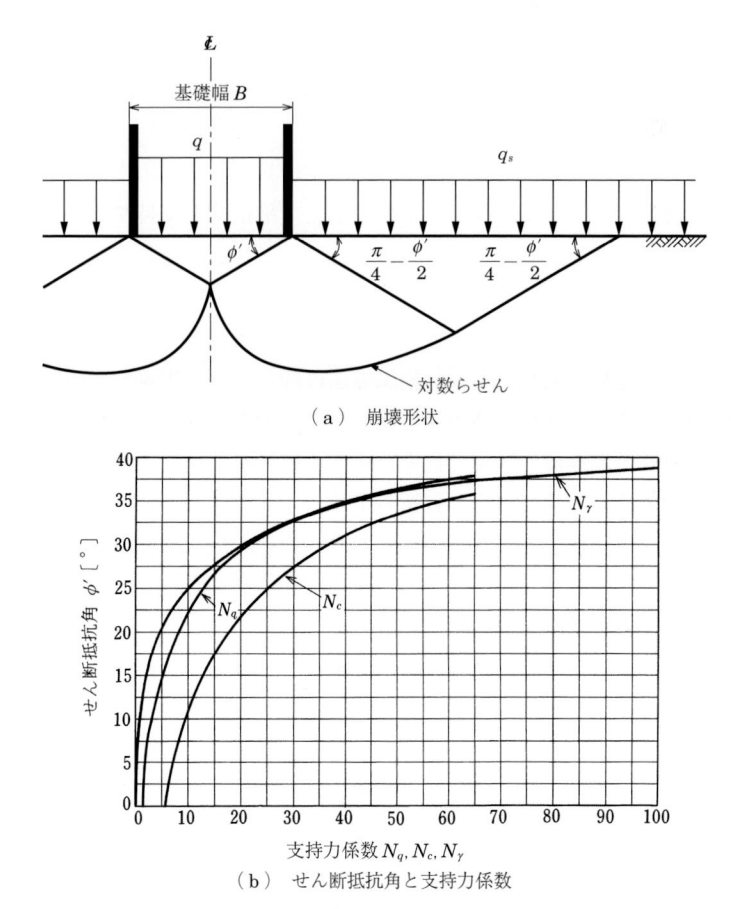

（a）崩壊形状

（b）せん断抵抗角と支持力係数

図 7・6　テルツァーギの支持力係数（基礎底面が粗い場合）

なお，実際の設計では，建築基礎構造設計指針 (2001)[3] のように，基礎底面の形状（円形，長方形）や荷重の傾斜の影響など，実用的な修正を加えた式が用いられている．

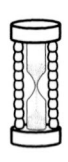

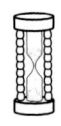

3 杭基礎の支持力

1 杭基礎の種類

杭基礎は，その支持方法，本数，施工法などによっていくつかに分類される．まず，支持方法によって，支持杭（bearing pile）と摩擦杭（friction pile）に分けられる．支持杭は主に杭先端の地盤の支持力（先端支持力）によって構造物による荷重を支える．これに対して，摩擦杭は主に杭周面に作用する摩擦力や粘着力（周面抵抗力）によって，荷重を地盤に伝えて構造物を支持する．杭の本数に関しては，1本の独立した杭を単杭（single pile）と呼び，複数の杭が一体となったものを群杭(pile group)と呼ぶ．構造物は群杭で支持されるのが通例であるが，杭の間隔がある限度より狭くなると，単杭の挙動を重ね合せたものとは異なる挙動を示す．これを群杭効果という．施工方法に関しては，工場で製造した鋼杭あるいは既製コンクリート杭を使用する既製杭と，地盤をあらかじめ掘削し，鉄筋を入れコンクリートを流し込んで杭を造成する場所打ち杭に大別できる．前者は，地盤内への杭の設置方法により，打込み工法，圧入工法および埋込み工法に分類できる．

2 鉛直支持力と水平支持力

一般に構造物から杭基礎には鉛直方向に荷重が加わる．これに対する支持力を鉛直支持力という．一方，構造物に地震動，風，津波・波浪などが作用すると，杭基礎には水平方向の荷重が作用する．また，傾斜地に設置された杭や既製杭に隣接して掘削などの近接施工が行われた場合にも，杭には水平方向の荷重（偏土圧）がかかる．これらに対する支持力を水平支持力という．

3 鉛直支持力の算定

図7・7は単杭の鉛直載荷試験で観測された荷重-杭頭沈下量曲線および杭体の軸力分布を示している．同図(b)を見ると，鉛直荷重の増加にともない軸力が大きくなること，周面抵抗力により深度が増すにつれて軸力が減少することがわかる．このことは，杭の鉛直支持力が，杭先端地盤の支持力と周面地盤の抵抗力からなっていることを示唆している．

杭の鉛直支持力を求める方法としては，① 静力学支持力式より求める方法，② 載荷試験を行って求める方法，③ 打込み時のエネルギーから求める方法などがある．このうち，①の方法では**図7・8**に示すように，極限鉛直支持力 R_u は，極限先端支持力 R_p と極限周面抵抗力 R_f の和から成り立つと考え

$$R_u = R_p + R_f$$
$$= A_p q + \psi \sum_{i=1}^{n} \tau_i H_i \qquad (7・9)$$

で表す．ここに，A_p：杭先端の断面積，q：杭先端地盤の単位面積当たりの極限支持力，ψ：杭周長，τ_i：各層における単位面積当たりの極限周面抵抗力，H_i：各層の層厚である．

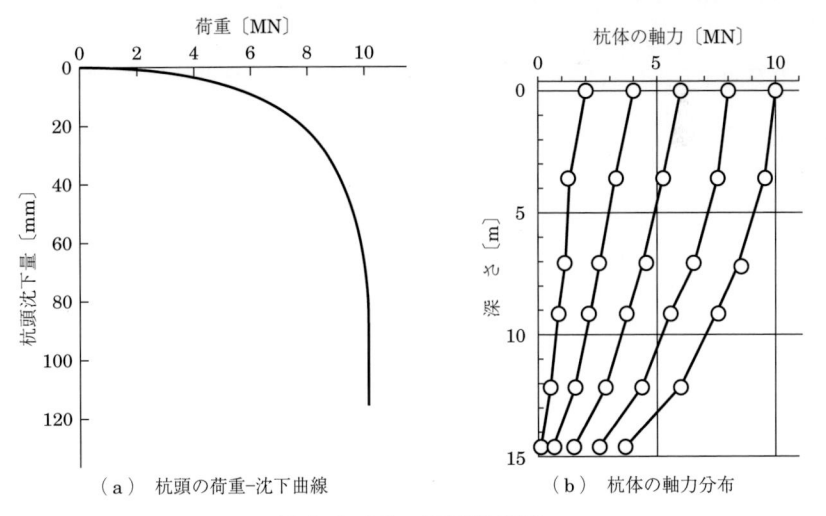

(a) 杭頭の荷重-沈下曲線

(b) 杭体の軸力分布

図7・7 単杭の鉛直載荷試験[4]
(出典：新編 土と基礎の設計計算演習，地盤工学会)

杭先端における地盤の支持力 q を算定する際には，埋め込み効果を適切に評価することが必要であり，いくつかの理論が提案されているが，まだ確立されるには至っていない．設計の実務では，極限支持力を N 値の関数として表すことが多く，国土交通省告示第1113号（2001）では**表7・1**のように定めている．

式（7・9）で求める極限鉛直支持力 R_u に対し，安全率 F_s を考慮することによって，杭の許容鉛直支持力 R_a は

$$R_a = \frac{R_u}{F_s} \tag{7・10}$$

と表せる．安全率 F_s の値は一般に3とすることが多い．

前述のように，群杭において杭間隔がある限界より狭くなると杭が互いに干渉し，群杭一体としての鉛直支持力は式（7・9）の単杭の支持力に本数を乗じた値とは一致しない．このような場合には，群杭効果を考慮し，群杭一体としての支持力を

$$R_{gu} = \eta n R_u \tag{7・11}$$

により算定する．ここに，n は群杭を構成する杭の数，η は群杭効果に関する補正係数である．群杭効果のメカニズムは複雑であり，杭の配列状況だけでなく土質によっても異なる．ゆるい砂層に杭を打ち込む場合，打込みにより地盤が締まって群杭効果は1より若干大きくなるが，粘性土地盤の場合には特に地盤が締まるということもないので，ほぼ1に近い値となる．

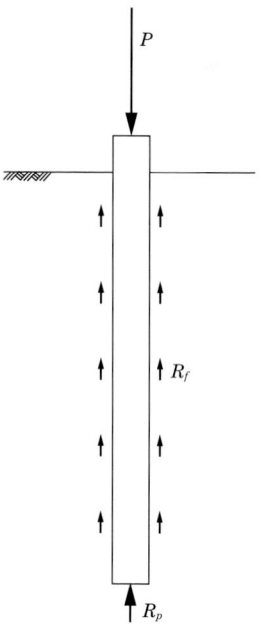

図 7・8 杭の極限支持力

表 7・1 打込み杭の極限支持力[3]

	砂質土	粘性土
極限先端支持力 R_p〔kN〕	$300 \bar{N} A_p$	$6 c_u A_p$
単位面積当たり極限周面抵抗力 τ〔kN/m²〕	$\dfrac{10}{3} N$	c_u

A_p〔m²〕：杭先端の断面積，$\bar{N}$：杭先端より下に $1D$，上に $4D$ の範囲の平均 N 値，D〔m〕：杭径，c_u〔kN/m²〕：粘性土層の非排水せん断強さ（上限 100 kN/m²）

4 負の周面摩擦力

図 7・9 に示すように，杭の設置された粘性土地盤が圧密沈下すると，杭を地盤中に引き込む力が働く．この力は，通常の周面摩擦力とは逆向きに働くことから，負の周面摩擦力（negative skin friction）と呼ばれる．負の周面摩擦力によって，杭は沈下する可能性が生じるのみならず，摩擦力が負から正へと変わる中立点付近には，杭軸方向に大きな圧縮応力が生じる．したがって，負の周面摩擦力の発生が予想される場合には，これを鉛直荷重と同じ方向に働く外力として支持力を算定する．

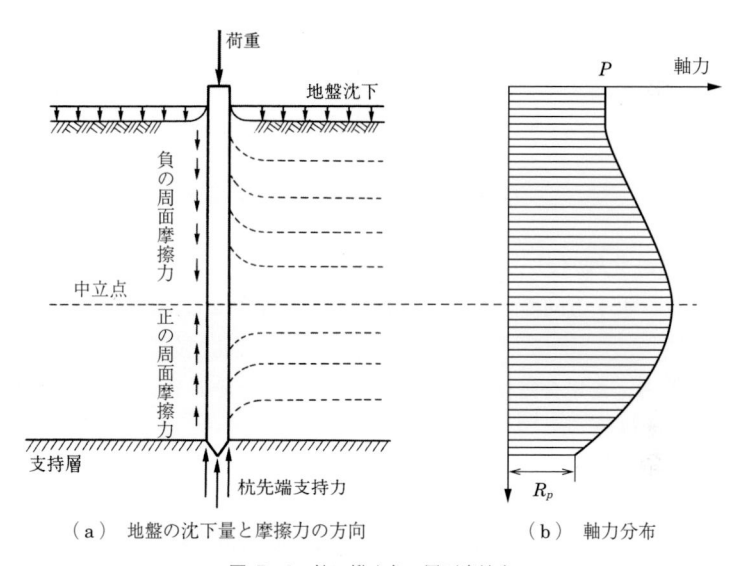

（a）地盤の沈下量と摩擦力の方向　　（b）軸力分布

図 7・9　杭に働く負の周面摩擦力

5 水平支持力の算定

杭の水平支持力を求める方法としては，静的な釣合いから求める方法と載荷試験から求める方法がある．前者では，図 7・10 のように地盤を弾性床，杭をその上に置かれたはりと考え，釣合い式から杭の変形量および杭内に発生する応力を求める．この理論によれば，地盤が杭に及ぼす応力 $p(z)$ は杭の変形量に応じて，次式で与えられると考える．

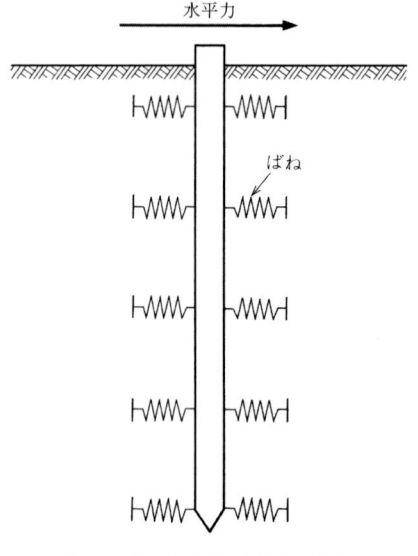

図 7・10　杭の水平支持力の算定

$$p(z) = k_h y(z) \qquad (7\cdot12)$$

ここに，k_h：水平方向の地盤反力係数，$y(z)$：深さ z における杭の変形量である．

杭をはりと考えた場合に作用する地盤反力 $p(z)$ とそれにより生じる曲げモーメント M_z の関係は

$$\frac{d^2 M_z}{dz^2} = p(z) B \qquad (7\cdot13)$$

で表わせる．ここに，B は杭幅である．一方，杭の曲げ剛性を EI とすると

$$\frac{d^2 y}{dz^2} = -\frac{M_z}{EI} \qquad (7\cdot14)$$

の関係が成り立つので，これを式 (7・13) に代入すると

$$\frac{d^2}{dz^2}\left(\frac{EI}{B}\frac{d^2 y}{dz^2}\right) = -p(z) \qquad (7\cdot15)$$

が得られ，さらに，式 (7・12) を代入すると

$$\frac{EI}{B}\frac{d^4 y}{dz^4} = -k_h \cdot y \qquad (7\cdot16)$$

となる．この式はチャンの式と呼ばれ，杭の境界条件を与えて解けば，深さ z に

おける杭の水平変位量や曲げ応力を求めることができる．

式(7·16)は4階の微分方程式であり，これを解くのに必要な境界条件は，杭頭に加わる水平力，杭頭の拘束条件および杭先端の変形条件で与えられる．**図7·11**に示すように杭頭が地表面に位置する杭に水平力 H を作用させたとき，杭頭固定および杭頭自由の場合それぞれについて，式(7·16)を解いて得られた杭の曲げモーメントと杭頭の水平変位を**表7·2**に示す．

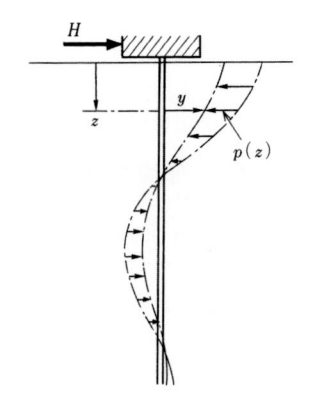

図 7·11 杭の水平支持力の算定

表 7·2 水平力によって生じる杭の曲げモーメントと水平変位

杭頭条件	自 由（ピン）	回転拘束（固定）
$\beta = \sqrt[4]{\dfrac{k_h B}{4EI}}$ k_h：水平地盤反力係数 B：杭幅 EI：杭の曲げ剛性		
杭頭の曲げモーメント M_0	0	$\dfrac{H}{2\beta}$
地中部の最大曲げモーメント M_{max}	$-0.3224\dfrac{H}{\beta}$	$-0.104\dfrac{H}{\beta}$
M_{max} の発生深さ L_m	$\dfrac{\pi}{4\beta}=\dfrac{0.785}{\beta}$	$\dfrac{\pi}{2\beta}=\dfrac{1.571}{\beta}$
杭頭の変位 y_0	$\dfrac{H}{2EI\beta^3}=\dfrac{2H\beta}{k_h B}$	$\dfrac{H}{4EI\beta^3}=\dfrac{H\beta}{k_h B}$

まとめ

① 構造物を支える基礎には，構造物底面で広く構造物を支えるべた基礎，構造物の柱や壁の下などで接地面積を大きくして接地圧力を分散して支えるフーチング基礎，そして杭を地中深く差し込んで支持力を得る杭基礎などがある．
② べた基礎やフーチング基礎などでは，地盤が硬い場合には，荷重が限界値を超えると一気に地盤が破壊する．これを全般せん断破壊という．軟弱な地盤の場合には，荷重の増加につれて基礎の沈下量が徐々に大きくなる．これを局部せん断破壊という．
③ 杭基礎は，主に杭先端で荷重を地盤に伝えて構造物を支持する支持杭と，杭表面と地盤との間に働く周面抵抗力によって，荷重を地盤に伝えて構造物を支持する摩擦杭に分けられる．また，杭が打設された地盤が圧密沈下すると，杭を地盤中に引き込む力が働く．このときに働く力を負の周面摩擦力という．

演習問題

1 幅 4m の連続フーチングを砂質地盤に施工するとき，地表につくる場合と深さ 2m まで根入れする場合の極限支持力 Q をテルツァーギの支持力公式によって求めよ．
なお，地下水の影響は考えず，そしてフーチングを設置した地盤の湿潤密度 γ_t は 1.80t/m^3，せん断抵抗角 ϕ' は 25° とする．

2 図に示すような砂層地盤に直径 40cm，長さ 8m の杭を打ち込んだ．この杭の極限支持力を求めよ．

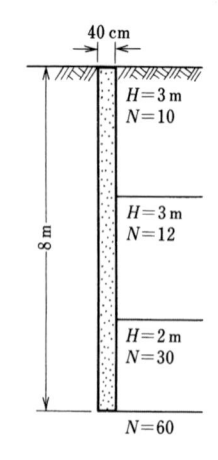

3 図に示す杭に 100 kN の水平力が作用したとき，杭頭の水平変位量と杭中に生じる最大曲げモーメントの値とその位置を求めよ．

ただし，水平地盤反力係数 k_h は $170\,\mathrm{N/cm^3}$，$EI = 4 \times 10^{11}$ $\mathrm{N \cdot cm^2}$ とする．

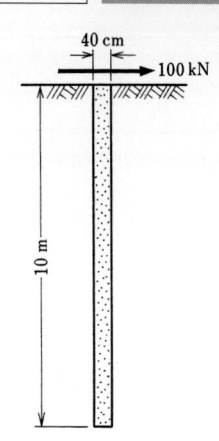

斜面の安定

第8章

地震による斜面崩壊

　自然斜面・切取り斜面や堤防・道路盛土・フィルダムなどの土構造物は，いずれも斜面を有する．斜面内の地盤には常にせん断応力が作用しているが，平常時には土のせん断強さより小さいので斜面は安定している．しかし，何らかの原因で，荷重が増加したり土のせん断強さが低下したりすると，斜面は不安定になり，地すべりや斜面崩壊を引き起こすことがある（口絵11，12）．斜面内のせん断応力を増大させる原因には，地震，降雨，斜面上への構造物の建設あるいは掘削などがある．また，土のせん断強さを低下させる原因には降雨や風化などがある．斜面崩壊を防止することは，防災上あるいは土構造物の機能を維持するうえで不可欠であり，この章では，この見地から斜面の安定性を検討する方法について述べる．

第8章 斜面の安定

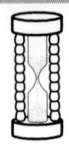

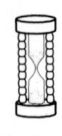

1 斜面崩壊の形態

　斜面崩壊の形態には，地層構成や斜面形状などによってさまざまなものがある．ここでは図8・1に示すような，直線的な斜面崩壊（直線状のすべり）と円弧状の斜面崩壊（円弧すべり）の2種類の代表的な破壊形式を取り上げて説明する．直線状のすべりは，自然斜面で表層が風化し，その下に斜面と平行に硬い基盤層が残っている場合に発生しやすい．一方，厚い軟弱地盤上の盛土は円弧状にすべることが多い．円弧すべりはすべり面が発生する位置により，図8・2のように底部破壊，法先破壊（斜面先破壊），斜面内破壊の三つのタイプに分けられる[1]．底部破壊は傾斜が比較的ゆるやかで粘着力の大きい土からなる斜面で生じやすい．法先破壊は砂質土からなる斜面で，勾配が急な場合に生じやすい．また，斜面の途中に硬い層がある場合，それに接するようにすべり破壊が生じやすい．

（a）直線状のすべり　　　（b）円弧すべり

図8・1　斜面崩壊の形態

（a）底部破壊　　　（b）法先破壊　　　（c）斜面内破壊

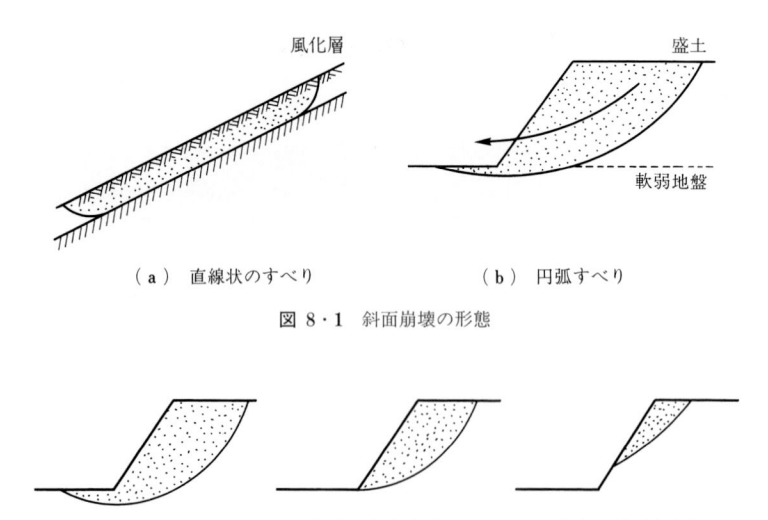

図8・2　円弧すべりのタイプ

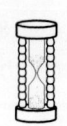

2 直線状のすべりに対する安定計算

直線状の斜面崩壊では，すべりに対する安全率 F_s は，式 (8·1) に示すようにすべり面での強度と外力との比で表せる．

$$F_s = \frac{\text{すべりに抵抗する土の強度}}{\text{すべりを生じさせようとする力}} \tag{8·1}$$

図 8·3 に示すように，地下水面と地表面がともにすべり面に平行な，半無限斜面を想定して，式 (8·1) を具体的に求めてみよう．要素 ABCD の自重 W は

$$W = (\gamma_{t1} h_1 + \gamma_{t2} h_2)\, l \cos i \tag{8·2}$$

であり，力の釣合いを考えると，底面に作用する垂直抗力 N とせん断抵抗力 T は

$$N = \sigma l = W \cos i \tag{8·3}$$
$$T = \tau l = W \sin i \tag{8·4}$$

となり，底面に作用する直応力とせん断力は次式で与えられる．

$$\sigma = (\gamma_{t1} h_1 + \gamma_{t2} h_2) \cos^2 i \tag{8·5}$$
$$\tau = (\gamma_{t1} h_1 + \gamma_{t2} h_2) \sin i \cos i \tag{8·6}$$

底面に働く間隙水圧を求めるには，2·2 節 4 項で学んだ流線網の考え方を使う．地下水は斜面に平行に流れているので，底面に直交する CE は等ポテンシャル線となる．ここで，点 C の圧力水頭を u/γ_w，位置水頭を 0 とすると，点 E の圧力水頭は 0 であり，位置水頭 h_E は点 C と点 E の高低差に等しく

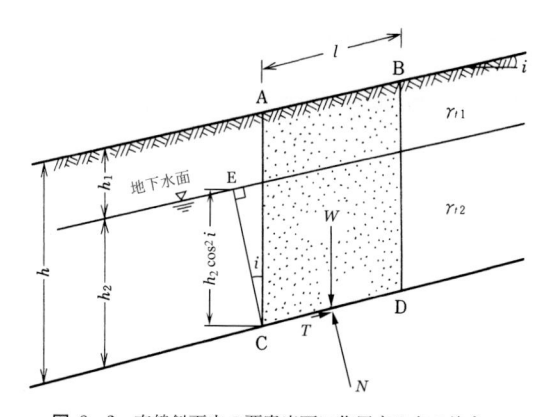

図 8·3 直線斜面内の要素底面に作用する力の釣合い

$$h_E = h_2 \cos^2 i \tag{8・7}$$

で与えられる．点 C と点 E のポテンシャルが等しいことから，点 C の圧力水頭と点 E の位置水頭は等しくなり，底面の間隙水圧は

$$u = h_2 \gamma_w \cos^2 i \tag{8・8}$$

と表せる．したがって，有効応力で表示した直応力は

$$\sigma' = \{\gamma_{t1} h_1 + (\gamma_{t2} - \gamma_w) h_2\} \cos^2 i \tag{8・9}$$

となり，土の強度がモール-クーロンの破壊基準で表せるとき，すべりに対する安全率 F_s は次式で与えられる．

$$F_s = \frac{c' + \sigma' \tan \phi'}{\tau} = \frac{c'/\cos i + \{\gamma_{t1} h_1 + (\gamma_{t2} - \gamma_w) h_2\} \cos i \tan \phi'}{(\gamma_{t1} h_1 + \gamma_{t2} h_2) \sin i} \tag{8・10}$$

斜面が粘着力のない砂よりなり，しかも地下水面がすべり面より下にある場合には，$c' = 0$, $h_1 = h$, $h_2 = 0$ であるから，安全率 F_s は

$$F_s = \frac{\gamma_{t1} h \cos i \tan \phi'}{\gamma_{t1} h \sin i} = \frac{\tan \phi'}{\tan i} \tag{8・11}$$

となる．また，$c' = 0$ で地下水面が地表面まで達したときは，式 (8・10) で $h_1 = 0$, $h_2 = h$ と置いて

$$F_s = \frac{(\gamma_{t2} - \gamma_w) h \cos i \tan \phi'}{\gamma_{t2} h \sin i} = \frac{(\gamma_{t2} - \gamma_w) \tan \phi'}{\gamma_{t2} \tan i} \tag{8・12}$$

となる．通常の土では $(\gamma_{t2} - \gamma_w)/\gamma_{t2}$ の値が 0.4～0.5 程度なので，豪雨などで地下水位が地表面まで上がると，地下水位がすべり面より低い場合に比べて，安全率は半分程度に下がることになる．

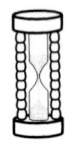

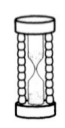

3 円弧すべりに対する安定計算

1 分割法による安定性の検討

円弧すべりに対しては，土塊を複数の鉛直なスライスに分割し，各スライスの底面のせん断強さに由来する抵抗モーメントと，すべり土塊の滑動モーメントより安全率を算定することが多い．この種の方法を分割法といい，要素ごとに異なるせん断強さや密度を設定できるので，不均質な材料から構成された斜面にも適用できるのが一つの利点である．

8・3 円弧すべりに対する安定計算

図8・4に示す斜面を例にとって，分割法により円弧すべりに対する安全性を検討してみよう．同図(a)では，点Oを中心とする半径rのすべり面を仮定し，すべり土塊をn個の鉛直なスライスに分割している．同図(b)はi番目のスライスに作用する力を示しており，W_iは自重，N_iおよびT_iは底面に作用する垂直抗力とせん断抵抗力である．$H_i, H_{i+1}, V_i, V_{i+1}$は側面に働くスライス間力で，$H$は垂直力，$V$はせん断力を表しており，$P_i, P_{i+1}$は側面に作用する間隙水圧の合力，$U_i$は底面に作用する間隙水圧の合力に対応している．

（a）円弧すべり面

（b）スライスに作用する力
　　図(a)の▨▨の部分

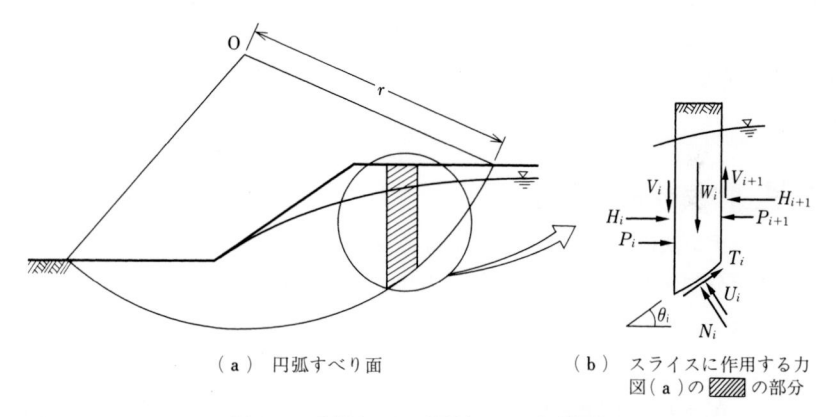

図8・4　分割法による円弧すべりの安定解析

図8.4(b)に示すように，i番目のスライスの底面傾斜角をθ_iとすると，円弧の中心Oに関する土塊の滑動モーメントM_Fは

$$M_F = r \sum_{i=1}^{n} W_i \sin\theta_i \tag{8・13}$$

と表すことができる．一方，すべり面での強度が有効応力で表示したモール-クーロンの破壊規準で与えられるとすると，円弧すべりに関する抵抗モーメントM_Rは

$$M_R = r \sum_{i=1}^{n} \tau_{fi} l_i = r \sum_{i=1}^{n} (c'_i + \sigma'_i \tan\phi'_i) l_i \tag{8・14}$$

となり，ここにc'_i, ϕ'_iは有効応力表示した粘着力とせん断抵抗角，σ'_i, τ_{fi}は底面に作用する有効直応力とせん断強さ，l_iはスライス底面の弧長である．したがって，すべりに対する安全率F_sは次式で算定できる．

$$F_s = \frac{M_R}{M_F} = \frac{\sum_{i=1}^{n}(c'_i + \sigma'_i \tan\phi'_i) l_i}{\sum_{i=1}^{n} W_i \sin\theta_i} \tag{8・15}$$

ところで，図8・4(b) に示した力のうち，自重と間隙水圧は既知量であるが，側面や底面に働く力とそれらの作用点は未知量である．安全率を算定するために利用できる方程式は，各スライスにおる力の釣合い条件式，モール-クーロンの破壊規準，モーメントに関する安全率式などであるが，未知量の数に比べて方程式の数が少なく，分割法による斜面の安定解析は不静定問題となる．そこで，何らかの仮定を設けて未知数を減らし，静定問題として近似的に解く方法が採用される[2]．その代表的な方法として，以下に，スウェーデン法とビショップ法を紹介する．

2 スウェーデン法

スウェーデン法は，開発者の名にちなみフェレニウス（Fellenius）法，あるいは単に簡便分割法とも呼ばれる．この方法では，図8・5 に示すように，側面に作用するすべての力の合力 Q_i は底面と平行に作用し，底面に垂直な成分を有しない，と仮定して安全率を求める．この仮定より

$$N_i + U_i = W_i \cos\theta_i \tag{8・16}$$

の関係が成り立つ．一方，各スライスに共通な安全率 F_s が，すべり面に対し唯一

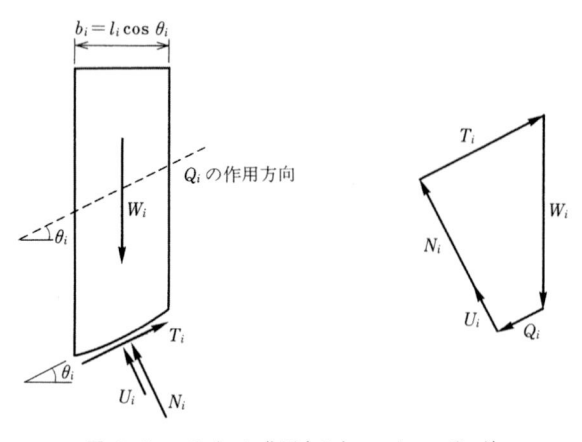

図8・5 スライスに作用する力—スウェーデン法

8・3　円弧すべりに対する安定計算

定まるとすると，底面に働くせん断抵抗力 T_i は

$$T_i = \frac{S_i}{F_s} \tag{8・17}$$

と表せる．ここに，S_i は土が発揮可能なせん断抵抗力であり，モール-クーロンの破壊規準を適用すると

$$S_i = (c'_i + \sigma'_i \tan\phi'_i) l_i = c'_i l_i + N_i \tan\phi'_i \tag{8・18}$$

で与えられる．式（8・17），（8・18）より

$$T_i = \frac{c'_i l_i + N_i \tan\phi'_i}{F_s} \tag{8・19}$$

の関係が成り立ち，これに式（8・16）を代入すると

$$T_i = \frac{c'_i l_i + (W_i \cos\theta_i - U_i) \tan\phi'_i}{F_s} \tag{8・20}$$

が導ける．円弧の中心 O に関する抵抗モーメントは $M_R = rF_s \sum T_i$ と表せるので，式（8・13）の滑動モーメントとの比をとり，次式で安全率を算定できる．

$$F_s = \frac{M_R}{M_F} = \frac{\sum_{i=1}^{n}\{c'_i l_i + (W_i \cos\theta_i - u_i l_i) \tan\phi'_i\}}{\sum_{i=1}^{n} W_i \sin\theta_i} \tag{8・21}$$

なお，式（8・16）から底面の有効直応力 σ'_i を求め，式（8・15）に代入しても上式は導ける．

底面の傾斜角 θ_i が大きくなると，式（8・21）において，$W_i \cos\theta_i - u_i l_i$ の値が負となる不合理な状態が生じることがある．そこで，W_i から浮力を差し引いた有効重量 W'_i を用い，分子の $W_i \cos\theta_i - u_i l_i$ を $W'_i \cos\theta_i$ で，分母の W_i も W'_i に置き換え，安全率を計算することがある．これを，修正フェレニウス法と呼ぶ．

3　ビショップ法（ビショップの簡易法）

ビショップ（Bishop）は，図 8・6 に示すように，各スライスの側面にはせん断力は働かず，合力 Q_i は水平方向に作用すると仮定して，安全率を反復計算で求める方法を提案した．各スライスにおいて，鉛直方向の力の釣合いに着目すると，次式が成り立つ．

$$W_i = (N_i + U_i)\cos\theta_i + T_i \sin\theta_i = N_i \cos\theta_i + u_i b_i + T_i \sin\theta_i \tag{8・22}$$

ここに，b_i はスライスの幅である．スウェーデン法と同様に，各スライスに共通な安全率 F_s を仮定すると，T_i は式（8・19）で表示できるので

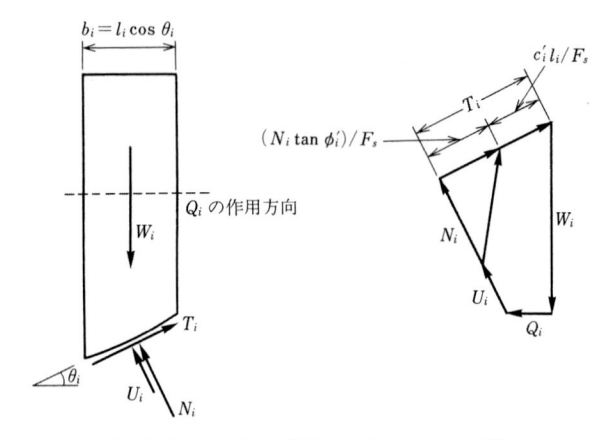

図 8・6 スライスに作用する力―ビショップ法

$$N_i = \frac{W_i - u_i b_i - (c'_i b_i \tan \theta_i)/F_s}{M_i} \tag{8・23}$$

となる．ここに

$$M_i = \cos \theta_i \left(1 + \frac{\tan \phi'_i \tan \theta_i}{F_s}\right) \tag{8・24}$$

である．上式を式 (8・19) に代入すると

$$T_i = \frac{c'_i b_i + (W_i - u_i b_i) \tan \phi'_i}{F_s M_i} \tag{8・25}$$

と表せる．そこで，抵抗モーメント $M_R = rF_s \sum T_i$ と，式 (8・13) で与えられる滑動モーメント M_F の比をとると，安全率に関する式

$$F_s = \frac{\sum_{i=1}^{n} \{c'_i b_i + (W_i - u_i b_i) \tan \phi'_i\}/M_i}{\sum_{i=1}^{n} W_i \sin \theta_i} \tag{8・26}$$

が導ける．上式を解くには，適当な F_s の値を仮定して右辺を計算し，得られた F_s の値を再び右辺に代入する過程を，両辺が等しくなるまで繰り返す方法を用いることが多い．

なお，ここで説明した方法は，正確にはビショップの簡易法と呼ばれるもので，厳密解を求める方法ではスライス側面のせん断力も考慮している．しかし，側面のせん断力の影響は小さく，また安全側となるため，実用上は無視しても支障がない．

4 最小安全率

図8・7に示す斜面の円弧すべり面について,スウェーデン法とビショップ法で安全率を求めた計算例を,それぞれ表8・1,8・2に示す.ここでは,斜面は単一土

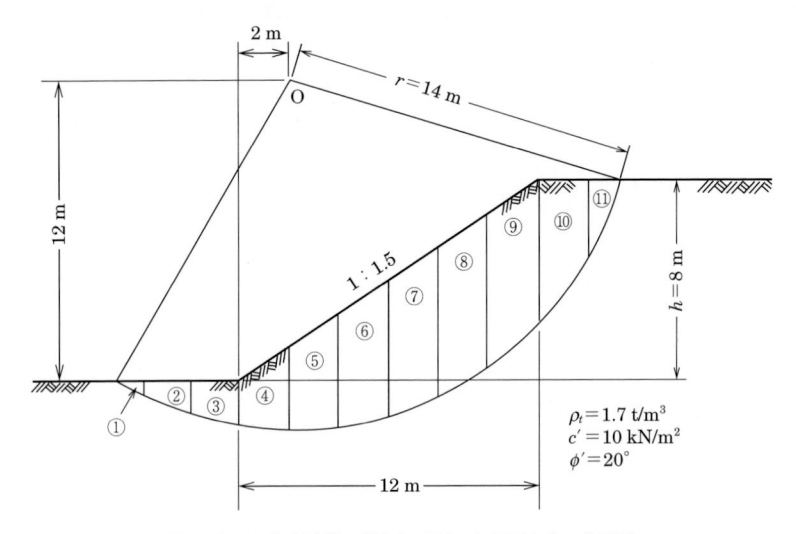

図 8・7 安全率計算の例として用いた斜面とすべり円弧

表 8・1 スウェーデン法による安定解析例

スライス	A_i $[m^2]$	W_i $[kN/m]$	θ_i $[°]$	l_i $[m]$	$W_i \sin\theta_i$ $[kN/m]$	$c'_i l_i$ $[kN/m]$	$W_i \cos\theta_i$ $[kN/m]$	$W_i \cos\theta_i \tan\phi'_i$ $[kN/m]$	$c'_i l_i + W_i \cos\theta_i \tan\phi'_i$ $[kN/m]$
1	0.42	7.0	−28.2	1.37	−3.3	13.7	6.2	2.3	16.0
2	2.15	35.9	−20.9	2.14	−12.8	21.4	33.5	12.2	33.6
3	3.35	55.9	−12.4	2.05	−12.0	20.5	54.6	19.9	40.4
4	5.26	87.8	−4.1	2.01	−6.3	20.1	87.6	31.9	52.0
5	7.93	132.4	4.1	2.01	9.5	20.1	132.1	48.1	68.2
6	10.02	167.3	12.4	2.05	35.9	20.5	163.4	59.5	80.0
7	11.49	191.9	20.9	2.14	68.5	21.4	179.2	65.2	86.6
8	12.25	204.6	30.0	2.31	102.3	23.1	177.2	64.5	87.6
9	12.11	202.2	40.0	2.61	130.0	26.1	154.9	56.4	82.5
10	9.32	155.6	51.8	3.23	122.3	32.3	96.3	35.1	67.4
11	2.65	44.3	65.2	3.38	40.2	33.8	18.6	6.8	40.6
					474.3				654.9

$$F_s = \frac{654.9}{474.3} = 1.38$$

表 8・2 ビショップ法による安定解析例

スライス	$c'_i b_i$ 〔kN/m〕	$W_i \tan \phi'_i$ 〔kN/m〕	$c'_i b_i + W_i \tan \phi'_i$ 〔kN/m〕	M_i			$\dfrac{c'_i b_i + W_i \tan \phi'_i}{M_i}$ 〔kN/m〕		
				$F_s=1.38$	$F_s=1.52$	$F_s=1.54$	$F_s=1.38$	$F_s=1.52$	$F_s=1.54$
1	12.1	2.5	14.6	0.757	0.769	0.770	19.3	19.0	19.0
2	20.0	13.1	33.1	0.840	0.849	0.850	39.4	39.0	38.9
3	20.0	20.3	40.3	0.920	0.925	0.926	43.8	43.6	43.5
4	20.0	32.0	52.0	0.979	0.980	0.981	53.1	53.1	53.0
5	20.0	48.2	68.2	1.016	1.015	1.014	67.1	67.2	67.3
6	20.0	60.9	80.9	1.033	1.028	1.027	78.3	78.7	78.8
7	20.0	69.9	89.9	1.028	1.020	1.018	87.5	88.1	88.3
8	20.0	74.5	94.5	0.998	0.986	0.984	94.7	95.8	96.0
9	20.0	73.6	93.6	0.936	0.920	0.918	100.0	101.7	102.0
10	20.0	56.6	76.6	0.826	0.807	0.804	92.7	94.9	95.3
11	14.2	16.1	30.3	0.659	0.637	0.634	45.9	47.5	47.7
							721.8	728.6	729.8

第1次近似 $F_s = \dfrac{721.8}{474.3} = 1.52$ 第2次近似 $F_s = \dfrac{728.6}{474.3} = 1.54$ 第3次近似 $F_s = \dfrac{729.8}{474.3} = 1.54$

層からなり，地下水はないものと仮定している．この計算例にもみられるように，ビショップ法はスウェーデン法に比べて，多少大き目の安全率を与える傾向がある．

ところで，斜面のすべりに対する安全率は，どのようなすべり面を仮定するかによって異なってくる．そこで，最小の安全率を与えるすべり面が最も危険なすべり面であるとして，この安全率を最小安全率として設計に用いる．円弧すべりの場合には，まず円弧の中心をある位置に固定し，半径の異なるすべり面についてそれぞれ安全率を計算し，その中で最小の値をその中心点での安全率として採用する．次に，中心点を変えながらこの作業を繰返し行い，各点での安全率を求め，安全率の分布を求める．図 8・7 の斜面にスウェーデン法を適用し，安全率のコンターラインを描いたものが**図 8・8** である．同図に示すように，コンターラインの中心位置より，最小安全率およびそれを与える円弧を定めることができる．最小安全率を求める際には，計算量が多大となるので，コンピュータを使用して安定解析を行うことが多い．

なお，斜面の安定解析においては，$F_s=1$ ではなく，余裕を見込んで 1.2～1.5 程度の安全率を確保するよう規定するのが一般的である．

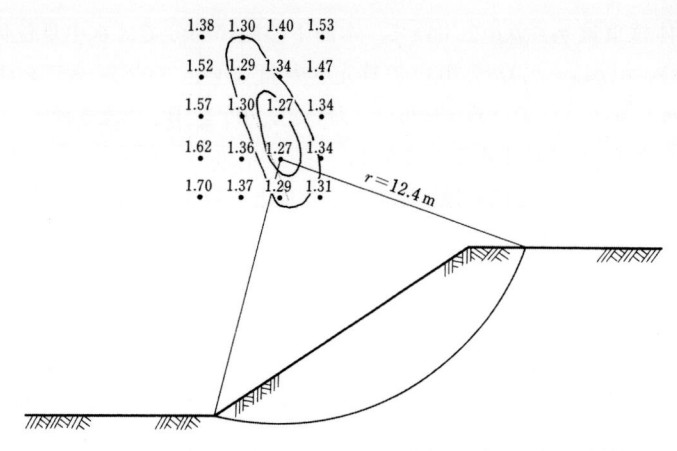

図 8・8 安全率のコンターラインと最小安全率を与えるすべり円弧

5 部分水中状態での斜面の安定解析

図 8・9 のような，一部が水浸した斜面では，間隙水圧と土塊の重量をどのように評価して安定解析を行えばよいかが問題となる．一つの考え方は，同図に示すように貯水部分を含めて斜面を分割し，各スライスの重量には水のみの部分も含めた全重量 W_i を用い，底面の間隙水圧 u_i は水深に対応する値とする方法である．この方法では，水は単位体積重量 $\gamma_w = \rho_w g$ で強度がゼロの土として扱われることになる．こうして求めた W_i, u_i を，スウェーデン法では式 (8・21) に，ビショップ法では式 (8・26) に代入し，安全率 F_s を求める．

もう一つは，各スライスの重量には有効重量 W_i' を用い，底面に作用する間隙水圧をゼロとして安全率を求める方法である．土塊の有効重量は，地下水面上では

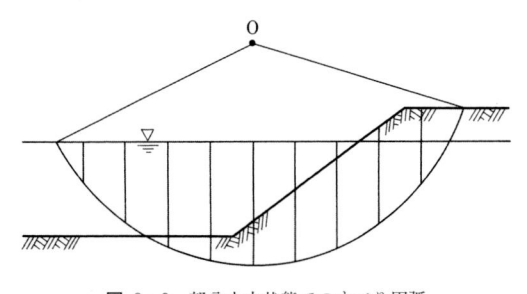

図 8・9 部分水中状態でのすべり円弧

湿潤単位体積重量 $\gamma_t = \rho_t g$ を用いて，水面下の飽和部分では水中単位体積重量 $\gamma' = \gamma_{sat} - \gamma_w = (\rho_{sat} - \rho_w) g$ を用いて算定すればよい．スウェーデン法では式 (8·21)，ビショップ法では式 (8·26) において，W_i を W'_i で置き換え，$u_i = 0$ として，安全率 F_s を計算することになる．

図 8·9 のように，斜面内の地下水面が貯水面と一致する場合，上記の二つの考え方で求めた安全率は，ビショップ法では同一の値となる．スウェーデン法では式 (8·21) をそのまま適用した場合，前者のほうが小さな安全率を与えるが，前述の修正フェレニウス法を用いると，二つの考え方で求めた安全率は一致する．

フィルダムにおいて，貯水池の水位が急低下したときのすべり安定性や，定常浸透流の存在する斜面のすべり安定性を検討する際の，間隙水圧と土塊の重量の取扱いについては，参考文献 2) などを参照されたい．

6 地震時における斜面の安定解析

地震時における斜面の安定解析は，図 8·10(a) に示すように震度法に基づき，各スライスの重心位置に水平外力 $k_h W_i$ を作用させて安全率を算定するのが通例である．ここに，比例定数 k_h は水平震度係数であり，0.1～0.3 程度の値が用いられることが多い．図に示すように，すべり円弧の中心 O とスライス重心の鉛直距離を y_i とすると，水平地震力により各スライスの滑動モーメントは $k_h W_i y_i$ 増加し，式 (8·13) の滑動モーメントは

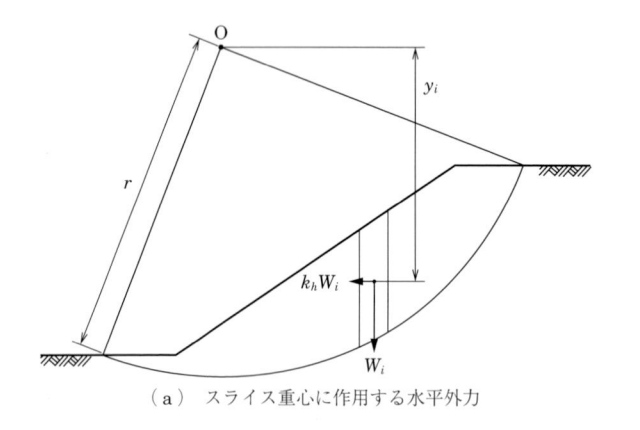

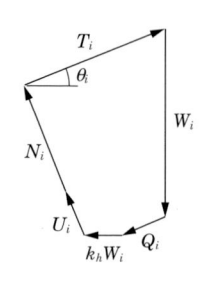

(a) スライス重心に作用する水平外力

(b) スライスに作用する力-スウェーデン法

図 8·10 震度法に基づく地震時の斜面安定解析

$$M_F = r \sum_{i=1}^{n}\left(W_i \sin\theta_i + k_h W_i \frac{y_i}{r}\right) \tag{8・27}$$

となる．一方，各スライスに働く力の釣合いを考えると，水平力 $k_h W_i$ が加わることにより，底面の垂直抗力は減少する．スウェーデン法を例にとると，スライスに作用する力は図 8・10(b) のように表示でき，底面に作用する垂直抗力は

$$N_i = W_i \cos\theta_i - k_h W_i \sin\theta_i - U_i \tag{8・28}$$

で与えられる．したがって，底面に作用するせん断抵抗力は

$$\tau_i = \frac{c'_i l_i + (W_i \cos\theta_i - k_h W_i \sin\theta_i - U_i)\tan\phi'_i}{F_S} \tag{8・29}$$

となり，地震時の安全率は

$$F = \frac{M_R}{M_F} = \frac{\sum_{i=1}^{n}\{c'_i l_i + (W_i \cos\theta_i - k_h W_i \sin\theta_i - u_i l_i)\tan\phi'_i\}}{\sum_{i=1}^{n}\left(W_i \sin\theta_i + k_h W_i \frac{y_i}{r}\right)} \tag{8・30}$$

と表せる．式 (8・21) と比較すると，分母は大きく，分子は小さくなっており，地震時の安全率は常時に比べてかなり低下することがわかる．なお，ビショップ法の場合にも，同様の手順で地震時の安全率を求めることができる．

まとめ

① 斜面崩壊の形態は，直線的な斜面崩壊（直線状のすべり）と円弧状の斜面崩壊（円弧すべり）などがある．

② 直線状の斜面崩壊の安全率は，すべりに抵抗する土のせん断強さとすべりを生じさせようとする力の比で与えられる．

③ 円弧すべりの安全率は，土のせん断強さによる抵抗モーメントと，すべりを生じさせようとする滑動モーメントの比で与えられる．そして，安全率の算出には分割法と呼ばれる方法が用いられる．

④ すべり面の位置とその半径の大きさをどのように仮定するかにより安全率の値が異なるので，コンピュータによる数十回程度の繰返し計算を行って，最も小さい安全率を探す．

第8章 斜面の安定

演習問題

1. 右図に示すような不透水層の上に層厚5mの砂質層が存在する傾斜地盤（傾斜角度15°）がある．常時は地下水が存在しないが，豪雨時に砂質層が地表面まで飽和したとき，雨の影響を受けない常時に比べて，斜面の安定性がどの程度低下するかを求めよ．ただし，砂質層を構成する土のせん断抵抗角 $\phi' = 30°$，間隙比 $e = 0.660$，土粒子密度は $\rho_s = 2.65 \text{g/cm}^3$ である．

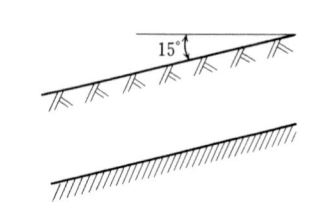

2. 図8·7の円弧すべりについて，斜面が半分の高さまで水浸し，部分水中状態となったときの安全率を，スウェーデン法で求めよ．ただし，水浸部の土の密度は $\rho_{sat} = 1.90 \text{ t/m}^3$ とする．

3. 図8·7の円弧すべりについて，水平震度係数 $k_h = 0.2$ として，スウェーデン法により地震時の安全率を求めよ．

演習問題解答

第 1 章

1. 図 1·9 より，$V=(1+e)\,m_s/\rho_s=(1+w/100)\,m_s/\rho_t$, $S_r=(V_w/V_v)100=100wm_s\rho_s/(100\rho_w em_s)$, $\rho_d=m_s/V=m_s/\{(1+w/100)\,m_s/\rho_t\}$, これらよりそれぞれ式 (1·1)，(1·3)，(1·6) が求まる．
2. $\rho_t=1.900\,\mathrm{g/cm^3}$, $e=0.646$, $w=18.0\%$, $S_r=73.8\%$
3. $e_{\max}=0.929$, $e_{\min}=0.588$, $D_r=52.5\%$
4. $D_{50}=0.210\,\mathrm{mm}$, $U_c=2.50$, S
5. 図 1·9 より $\rho_d=m_s/V=m_s\rho_s/\{(1+e)\,m_s\}$, 式 (1·3) より $e=w\rho_s/(S_r\rho_w)$, これらより式 (1·12) が求まる．

第 2 章

1. $k=7.64\times10^{-5}\,\mathrm{m/s}$
2. 水平方向の場合，単位奥行き当たり各層を流れる流量を q_1, q_2, q_3 とし，全流量を Q, 水頭差を h, マクロにみた透水係数を k_H とすると，$Q=k_1hz_1/L+k_2hz_2/L+k_3hz_3/L=k_Hhz$, したがって，$k_H=(k_1z_1+k_2z_2+k_3z_3)/z$ となる．鉛直方向の場合，単位奥行き当たりの流量を Q, 地表面の水頭を h_0, 各層下面での水頭を h_1, h_2, h_3, マクロにみた透水係数を k_v とすると，$Q=k_1(h_0-h_1)L/z_1=k_2(h_1-h_2)L/z_2=k_3(h_2-h_3)L/z_3$, したがって，$Q=(h_0-h_3)L/(z_1/k_1+z_2/k_2+z_3/k_3)=k_v(h_0-h_3)L/z$ となり，$k_v=z/(z_1/k_1+z_2/k_2+z_3/k_3)$ となる．
3. $\sigma_v=1.86\,\mathrm{kN/m^2}$, $\sigma'_v=0.88\,\mathrm{kN/m^2}$, ボイリングが発生する限界高さは $9.00\,\mathrm{cm}$

第 3 章

1. 質量が 50 t, 36 t の構造物により，それぞれ $2.28\,\mathrm{kN/m^2}$, $2.48\,\mathrm{kN/m^2}$, 合計 $4.76\,\mathrm{kN/m^2}$
2. $\sigma_a=113.5\,\mathrm{kN/m^2}$, $\tau_a=6.7\,\mathrm{kN/m^2}$

3　τ_a が最大となる面を β と置くと，これは直交する二つの面となり，$\beta_1 = \tan^{-1}\{-(\sigma_z - \sigma_x)/(2\tau_{xz})\}/2$，$\beta_2 = \beta_1 + \pi/2$，これらの角度は主応力面の傾きと $45°$ の角度をなす．最大主応力面での $\sigma_a = (\sigma_z + \sigma_x)/2$，$\tau_a = \pm\sqrt{(\sigma_z - \sigma_x)^2/4 + \tau_{xz}^2}$ となる．

4　$\sigma_1' = 103.1\,\mathrm{kN/m^2}$，$\sigma_3' = 39.9\,\mathrm{kN/m^2}$，$\alpha_1 = 35.8°$，$\alpha_2 = 125.8°$

5　水位低下前の $\sigma_v = 75.0\,\mathrm{kN/m^2}$，$\sigma_v' = 45.6\,\mathrm{kN/m^2}$，$\sigma_H = 52.2\,\mathrm{kN/m^2}$，$\sigma_H' = 22.8\,\mathrm{kN/m^2}$，水位低下後の $\sigma_v' = 61.2\,\mathrm{kN/m^2}$

第 4 章

1　$m_v = 1.11 \times 10^{-4}\,\mathrm{m^2/kN}$，$k = 7.84 \times 10^{-6}\,\mathrm{m/d} = 9.07 \times 10^{-9}\,\mathrm{cm/s}$
　$S_f = 13.3\,\mathrm{cm}$，$t_{90} = 1060$ 日

2　$e = 2.52$，$S_f = 6.0\,\mathrm{cm}$

3　$U = 0.43$，$S_f = 47\,\mathrm{cm}$，$t_{90} = 5.7$ 年

4　$t_{50} = 5.14$ 年，$t_{90} = 22.1$ 年

第 5 章

1　$\phi = 37.2°$

2　$\Delta u = 140\,\mathrm{kN/m^2}$

3　$c_d = 28.7\,\mathrm{kN/m^2}$，$\phi_d = 24.5°$，$\alpha_f = 57.3°$

4　(1)　$\sigma_{1f}' = \sigma_{1f} = 247\,\mathrm{kN/m^2}$
　(2)　$\sigma_{1f}' = 113\,\mathrm{kN/m^2}$，$\sigma_{3f}' = 46\,\mathrm{kN/m^2}$，$u_f = 54\,\mathrm{kN/m^2}$

5　(1)　$\sigma_{1f}' = 163\,\mathrm{kN/m^2}$，$\sigma_{3f}' = 80\,\mathrm{kN/m^2}$，$s_u = 41.5\,\mathrm{kN/m^2}$
　(2)　$\sigma_{1f}' = 667\,\mathrm{kN/m^2}$，$\sigma_{3f}' = 327\,\mathrm{kN/m^2}$，$u_f = -127\,\mathrm{kN/m^2}$
　(3)　$\sigma_{1f}' = \sigma_{1f} = 408\,\mathrm{kN/m^2}$

第 6 章

1　擁壁背面に作用する主働土圧の合力 $P_A = 144\,\mathrm{kN/m}$
　その作用点位置は地表から $4.67\,\mathrm{m}$
　擁壁前面に作用する受働土圧の合力 $P_P = 106\,\mathrm{kN/m}$
　その作用点位置は地表から $1.33\,\mathrm{m}$

2　主働土圧の分布は図のようになる．また，全主働土圧 $P_A = 74\,\mathrm{kN/m}$
　水圧の合力 $P_W = 78\,\mathrm{kN/m}$

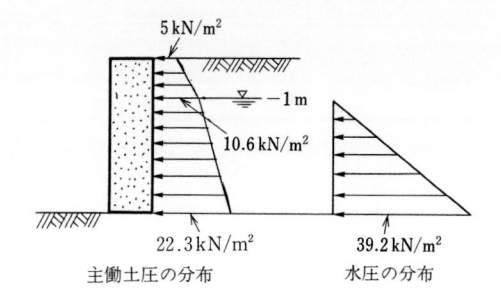

5 kN/m²
10.6 kN/m²
−1 m
22.3 kN/m² 39.2 kN/m²
主働土圧の分布　　水圧の分布

3. $108\,\text{kN/m}$
4. すべりに対する安全率 $F_s = 2.3$
   転倒に対する安全率 $F_t = 1.9$

第 7 章

1. ・根入れがない場合
     $Q = 1411\,\text{kN/m}$
   ・根入れ 2m とする場合
     $Q = 3175\,\text{kN/m}$
2. $R_u = 1885\,\text{kN}$
3. ・杭頭の水平変位量
     $y_0 = 0.24\,\text{cm}$
   ・地中部の最大曲げモーメント
     $M_{\max} = 3980\,\text{kN·cm}$
   ・発生位置 $L_m = 0.97\,\text{m}$

第 8 章

1. 2 分の 1 になる．
2. 有効重量を用いて計算すると $F_s = 1.36$
3. $F_s = 0.95$

参 考 文 献

第 1 章

1) 地盤工学会：地盤材料試験の方法と解説（2009）
2) 地盤工学会：【改訂版】地盤調査の方法と解説（2013）

第 2 章

1) 地盤工学会：【改訂版】地盤調査の方法と解説（2013）
2) 地盤工学会：地盤材料試験の方法と解説（2009）
3) 石原研而：第2版 土質力学，丸善（2001）
4) 山口柏樹：土質力学（全改訂），技報堂出版（1984）

第 3 章

1) 例えば，地盤工学会：地盤工学ハンドブック資料編（1999）
2) Newmark, N. M.：Influence Charts for Computation of Stresses in Elastic Foundations, Univ. of Illinois Bulletin, No. 338（1942）
3) 例えば，三好俊郎：有限要素法入門，培風館（1978）

第 4 章

1) Terzhagi, K. and Peck, R.：Soil Mechanics in Engineering Practice, 2 nd Ed., John Wiley & Sons（1967）
2) 地盤工学会：土質試験の方法と解説（1990）
3) 三笠正人：軟弱粘土の圧密，鹿島出版会（1963）

第 5 章

1) 地盤工学会:地盤材料試験の方法と解説 (2009)
2) Holtz, R. D. and Kovacs, W. D.: An Introduction to Geotechnical Engineering, Prentice-Hall (1981)
3) 地盤工学会:[改訂版] 地盤調査の方法と解説 (2013)
4) 安田進:液状化の調査から対策工まで,鹿島出版会 (1988)
5) 石原研而:土質動力学の基礎,鹿島出版会 (1976)

第 7 章

1) 石原研而:土質力学,丸善 (1996)
2) 地盤工学会:入門シリーズ・支持力入門 (1997)
3) 国土交通省告示第1113号 (2001年7月2日),(最終改正2007年9月告示第1232号)
4) 地盤工学会:新編 土と基礎の設計計算演習 (2000)

第 8 章

1) 地盤工学会:地盤工学用語辞典 (2006)
2) 地盤工学会:地盤工学ハンドブック (1999)

索　引

ア　行

- アイソクローン……………………71
- 浅い基礎……………………………136
- 圧　縮………………………………58
- 圧縮曲線……………………………60
- 圧縮係数……………………………62
- 圧縮指数……………………………62
- 圧　密………………………………58
- 圧密係数……………………………69
- 圧密降伏応力………………………74
- 圧密試験……………………………73
- 圧密沈下……………………………60
- 圧密度………………………………71
- 圧密排水試験………………………86
- 圧密非排水試験……………………86
- 圧密方程式…………………………69
- 圧力球根……………………………43
- アッターベルグ限界………………16
- 安全率…………………………138, 153
- 一次圧密……………………………76
- 一軸圧縮試験………………………104
- 一軸圧縮強さ………………………104
- 一次元圧密…………………………66
- 一面せん断試験……………………80
- インターロッキング………………92

- 鋭敏比………………………………104
- 液状化………………………………105
- 液状化強度…………………………110
- 液状化強度曲線……………………110
- 液状化抵抗…………………………110
- 液性限界……………………………17
- 円弧すべり…………………………152
- 鉛直支持力…………………………142
- 応力経路……………………………85
- オエドメータ………………………73
- 帯状基礎……………………………136

カ　行

- 過圧密………………………………64
- 過圧密比…………………………64, 95
- 過剰間隙水圧………………………58
- 仮想背面……………………………126
- 滑動に対する安全率………………128
- 滑動モーメント……………………155
- 間隙水圧……………………………52
- 間隙水圧係数 A ……………………98
- 間隙水圧係数 B ……………………98
- 間隙比………………………………11
- 間隙率………………………………11
- 含水比………………………………11
- 乾燥単位体積重量…………………13
- 乾燥密度……………………………13

既製杭	142
強度増加率	100
強度定数	81
極限鉛直支持力	143
極限支持力	138
極限周面抵抗力	143
極限先端支持力	143
局部せん断破壊	138
許容支持力	138
許容地耐力	138
許容沈下量	138
切ばり	130
均等係数	15
杭基礎	137
クイッククレイ	104
繰返し応力	105
繰返し三軸試験	108
クーロン土圧	128
クーロンの主働土圧係数	127
クーロンの受働土圧係数	127
クーロンの破壊規準	81
群杭	142
群杭効果	142
ケーソン基礎	137
限界間隙比	91
限界状態	91
限界動水勾配	35
限界深さ	123
工学的分類方法	19
コンシステンシー限界	17

サ 行

最終沈下量	71
最小安全率	159
最小主応力	50
最大乾燥密度	22
最大主応力	50
最適含水比	19
サクション	30
三軸圧縮試験	81
残留強さ	90
時間係数	70
支持杭	142
支持力係数	140
湿潤単位体積重量	12
湿潤密度	12
地盤沈下	60
地盤反力係数	146
締固め曲線	21
締固め試験	21
締固め度	22
斜面崩壊	152
収縮限界	17
修正フェレニウス法	157
周面抵抗力	142
主応力	49
主働くさび	138
主働状態	116
受働状態	116
主働土圧	117
受働土圧	117
受働領域	138

上載荷重 …………………………………139	ダイレタンシー………………………………87
シンウォールサンプラ……………………25	ダルシーの法則 ……………………………30
震度法 ………………………………………162	単位体積重量 ………………………………126
	短期安定問題 ………………………………86
水中単位体積重量 …………………………13	単　杭 ………………………………………142
水平支持力 …………………………………142	弾性的な沈下 ………………………………138
水平震度係数 ………………………………162	
スウェーデン法 ……………………………156	チャンの式 …………………………………146
すべり面 ……………………………………120	沖積層 ………………………………………6
	長期安定問題 ………………………………86
正規圧密 ……………………………………63	直接基礎 ……………………………………136
静水圧 ………………………………………53	直線状のすべり ……………………………152
接地圧 ………………………………………45	
ゼロ空隙曲線 ………………………………23	抵抗モーメント ……………………………155
全応力 ………………………………………53	定水位透水試験 ……………………………32
全応力経路 …………………………………85	テルツァーギの圧密方程式 ………………69
先行圧密応力 ………………………………64	テルツァーギの支持力公式 ………………141
先端支持力 …………………………………142	転倒に対する安全率 ………………………129
せん断強さ …………………………………80	
せん断抵抗角 ………………………………81	等時曲線 ……………………………………71
全般せん断破壊 ……………………………138	凍上現象 ……………………………………30
	透水係数 ……………………………………31
相対密度 ……………………………………23	動水勾配 ……………………………………31
側　圧 ………………………………………130	動的挙動 ……………………………………105
即時沈下 ……………………………………138	等方圧縮 ……………………………………83
側方流動 ……………………………………105	等方圧密 ……………………………………83
塑性限界 ……………………………………17	独立フーチング基礎 ………………………136
塑性指数 ……………………………………17	土粒子の密度 ………………………………12
塑性図 ………………………………………17	

タ　行

体積圧縮係数 ………………………………61	
堆積土 ………………………………………3	

ナ　行

	内部摩擦角 …………………………………81
	二次圧縮 ……………………………………76

布基礎 …………………………………136	変水位透水試験 …………………………32
根入れ効果 ……………………………139	ボイリング ………………………………34
粘着力 ……………………………………81	膨張曲線 …………………………………64
	膨張指数 …………………………………64
	飽和 ………………………………………30

ハ　行

排水距離 …………………………………70	飽和単位体積重量 ………………………13
排水せん断強さ …………………………89	飽和度 ……………………………………11
排水せん断抵抗角 ………………………89	飽和密度 …………………………………13
破壊包絡線 ………………………………83	
場所打ち杭 ……………………………142	

マ　行

非圧密非排水試験 ……………………103	摩擦杭 …………………………………142
ビショップ法 …………………………157	
非排水繰返しせん断試験 ……………107	三笠の圧密方程式 ………………………69
非排水せん断強さ ……………………100	
非排水せん断抵抗角 …………………100	毛管上昇高 ………………………………30
標準貫入試験 ……………………………25	モールの応力円 …………………………50
	モールの破壊規準 ………………………83
風化土 ……………………………………2	モール-クーロンの破壊規準 …………84
フェレニウス法 ………………………156	

ヤ　行

深い基礎 ………………………………137	
フーチング基礎 ………………………136	矢　板 …………………………………130
不同沈下 …………………………………60	山留め壁 ………………………………130
負の周面摩擦力 ………………………145	
不飽和 ……………………………………30	有効鉛直応力 …………………………118
プレロード工法 …………………………65	有効応力 …………………………………53
フローネット ……………………………37	有効応力経路 ……………………………85
分割法 …………………………………154	有効水平応力 …………………………118
べた基礎 ………………………………136	擁　壁 …………………………………128
偏心距離 ………………………………130	
偏土圧 …………………………………142	

ラ 行

ランキン土圧 …………………118
ランキンの主働土圧 ……………119
ランキンの主働土圧係数 ………119
ランキンの受働土圧 ……………120
ランキンの受働土圧係数 ………120

粒径加積曲線……………………14
粒状体……………………………87

連続フーチング基礎 ……………136

英 字

CD 試験 …………………………86
CU 試験 …………………………86

UU 試験 …………………………103

数字その他

10% 粒径 …………………………15
50% 粒径 …………………………15
$\sqrt{t}$ 法 ……………………………75
$\phi=0$ 条件………………………104

〈著者略歴〉

安田　進（やすだ すすむ）
1975年　東京大学大学院工学系
　　　　研究科博士課程修了
1975年　工学博士
現　在　東京電機大学名誉教授

山田恭央（やまだ やすお）
1975年　東京大学大学院工学系
　　　　研究科修士課程修了
1980年　工学博士
現　在　筑波大学名誉教授

片田敏行（かただ としゆき）
1980年　東京大学大学院工学系
　　　　研究科博士課程修了
1980年　工学博士
現　在　東京都市大学名誉教授

- 本書の内容に関する質問は、オーム社ホームページの「サポート」から、「お問合せ」の「書籍に関するお問合せ」をご参照いただくか、または書状にてオーム社編集局宛にお願いします。お受けできる質問は本書で紹介した内容に限らせていただきます。なお、電話での質問にはお答えできませんので、あらかじめご了承ください。
- 万一、落丁・乱丁の場合は、送料当社負担でお取替えいたします。当社販売課宛にお送りください。
- 本書の一部の複写複製を希望される場合は、本書扉裏を参照してください。

JCOPY ＜出版者著作権管理機構　委託出版物＞

大学土木
土質力学（改訂2版）

1997年10月25日　第1版第1刷発行
2014年 9月20日　改訂2版第1刷発行
2024年10月10日　改訂2版第8刷発行

著　者　安田　進
　　　　山田恭央
　　　　片田敏行
発行者　村上和夫
発行所　株式会社オーム社
　　　　郵便番号　101-8460
　　　　東京都千代田区神田錦町 3-1
　　　　電　話　03(3233)0641（代表）
　　　　URL https://www.ohmsha.co.jp/

© 安田　進・山田恭央・片田敏行 2014

印刷　中央印刷　製本　協栄製本
ISBN978-4-274-21643-5　Printed in Japan

解いてわかる！シリーズ既刊書のご案内　近畿高校土木会 編

構造力学
A5・176頁
定価（本体2000円【税別】）

土質力学
A5・178頁
定価（本体2000円【税別】）

測量
A5・192頁
定価（本体2000円【税別】）

水理
A5・176頁
定価（本体2000円【税別】）

土木施工
A5・172頁
定価（本体2000円【税別】）

もっと詳しい情報をお届けできます。
◎書店に商品がない場合または直接ご注文の場合も右記宛にご連絡ください。

ホームページ http://www.ohmsha.co.jp/
TEL／FAX TEL.03-3233-0643　FAX.03-3233-3440

（定価は変更される場合があります）

ハンディブック 土木 第3版

粟津清蔵【監修】

A5判・692頁
定価(本体4500円[税別])

土木の基礎から実際までが体系的に学べる!
待望の第3版!

初学者でも土木の基礎から実際まで全般的かつ体系的に理解できるよう，項目毎の読み切りスタイルで，わかりやすく，かつ親しみやすくまとめています．改訂2版刊行後の技術的進展や関連諸法規等の整備・改正に対応し，今日的観点でいっそう読みやすい新版化としてまとめました．

本書の特長・活用法

1　どこから読んでも　すばやく理解できます!
テーマごとのページ区切り，ポイント 解説 関連事項 の順に要点をわかりやすく解説．記憶しやすく，復習にも便利です．

2　実力養成の最短コース，これで安心!　勉強の力強い助っ人!
繰り返し，読んで覚えて，これだけで安心．例題 必ず覚えておく を随所に設けました．

3　将来にわたって，必ず役立ちます!
各テーマを基礎から応用までしっかり解説．新情報，応用例などを 知っておくと便利 応用知識 でカバーしています．

4　プロの方でも毎日使える内容!
若い技術者のみなさんが，いつも手もとに置いて活用できます．実務に役立つ トピックス などで，必要な情報，新技術をカバーしました．

5　キーワードへのアクセスが簡単!
キーワードを本文左側にセレクト．その他の用語とあわせて索引に一括掲載し，便利な用語事典として活用できます．

6　わかりやすく工夫された　図・表を豊富に掲載!
イラスト・図表が豊富で，親しみやすいレイアウト．読みやすさ，使いやすさを工夫しました．

もっと詳しい情報をお届けできます．
◎書店に商品がない場合または直接ご注文の場合も右記宛にご連絡ください．

ホームページ　http://www.ohmsha.co.jp/
TEL／FAX　TEL.03-3233-0643　FAX.03-3233-3440

(定価は変更される場合があります)

「ゼロから学ぶ土木の基本」シリーズ既刊書のご案内

構造力学
内山久雄［監修］ 佐伯昌之［著］
A5・222頁
定価(本体2500円【税別】)

測量
内山久雄［著］
A5・240頁
定価(本体2500円【税別】)

コンクリート
内山久雄［監修］ 牧 剛史・
加藤佳孝・山口明伸［共著］
A5・220頁
定価(本体2500円【税別】)

水理学
内山久雄［監修］ 内山雄介［著］
A5・234頁
定価(本体2500円【税別】)

地盤工学
内山久雄［監修］ 内村太郎［著］
A5・224頁
定価(本体2500円【税別】)

もっと詳しい情報をお届けできます。
◎書店に商品がない場合または直接ご注文の場合も右記宛にご連絡ください。

ホームページ http://www.ohmsha.co.jp/
TEL/FAX TEL.03-3233-0643 FAX.03-3233-3440

(定価は変更される場合があります)